U0275873

黄河流域水利碑刻集成

河南卷 六

總主编 趙超 行龍
執行總主编 駱玉安
本卷主编 余扶危
本卷執行主编 王雲紅

上海交通大學出版社
SHANGHAI JIAO TONG UNIVERSITY PRESS

清（五）

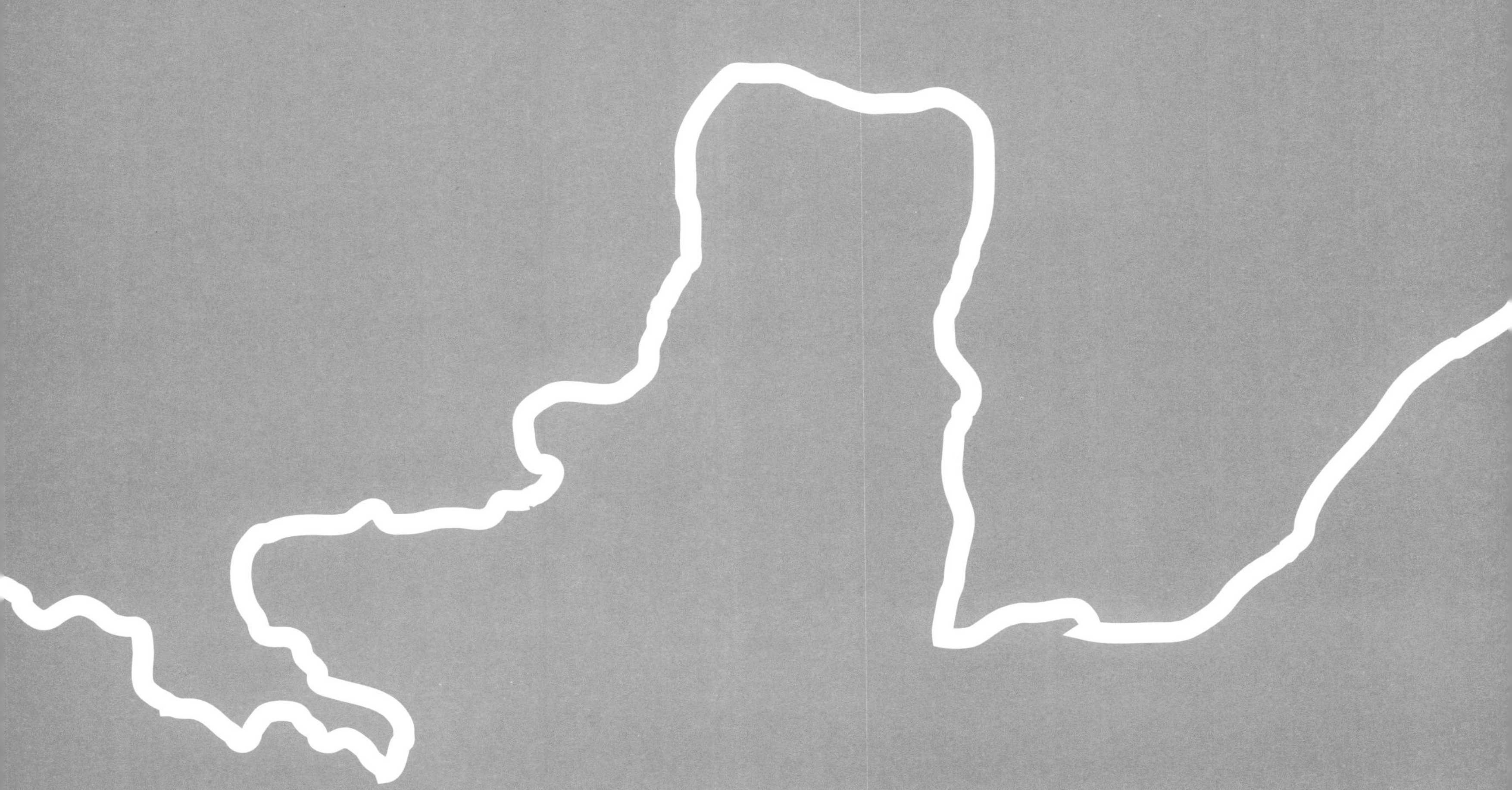

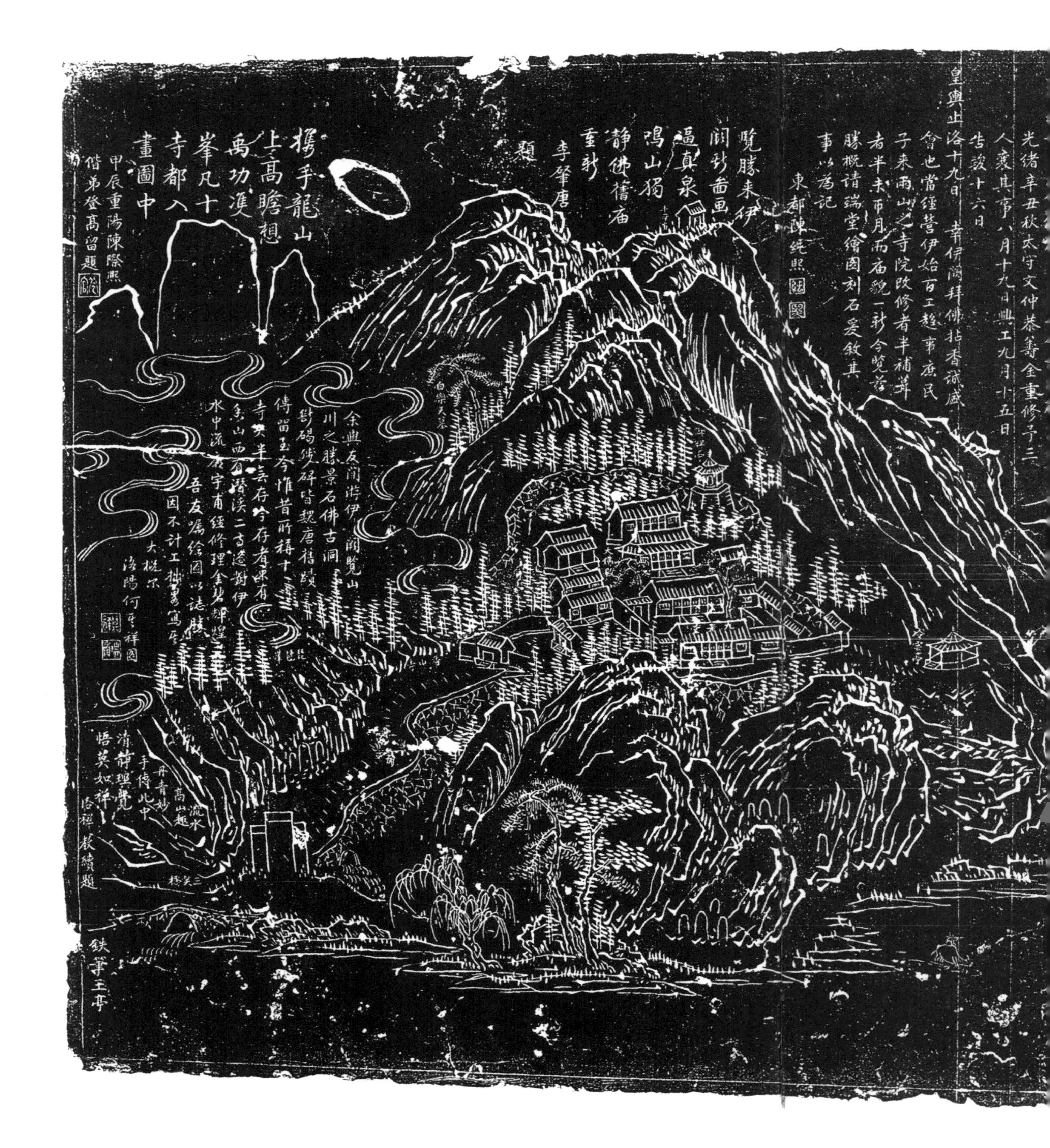
光緒辛丑秋太守文仲恭壽全重修子三
人襄其事八月十九日興工九月十五日
告竣十六日
皇輿止洛十九日　幸伊闕拜佛拈香誠盛
會也當經營伊始百工趁事庶民
子来兩山之寺院改修者半補葺
者半未市月而庙貌一新今覽茲
勝概請端堂繪圖刻石爰敘其
事以為記
東都陳純熙
攜手龍山
上高瞻想
禹功湮
峯凡十
寺都入
畫圖中
甲辰重陽陳際熙
偕弟登高留題
悟禪教續題
鉄筆王亭

龍門勝概
中州清淑氣伊闕最為多九老芳名在三龕色相訛危樓聯飛瀑絶壑探靈窩暫駐閒車馬休教隙景過
金陵謝嘉祐題
石磷磷水蕭蕭伊闕兩峰干雲霄泉流澈湍灘聲遙西山古洞密如櫛東山怪石環山腰琳宫相望隔一水蹕路境內三十里經營餘力不敢遺太守賢勞承
錫祉陳何二公籌畫密計日功成劉廿七山川靈爽定式憑一夕長虹跨水出
慈輿巡幸恩澤長周於伊洛徧萬切黃童白叟接道旁蒼蒼石壁生輝光瑞堂何君工繪事陳君梓甫善斯誼以予濫厠於其次爰嘗成城由衆志君不見天子從來家四海行曰乘輿止行在
御輦曾經兩度過山水鍾靈長不改
東都末吏劉作哲題
辛丑秋陸宗伯鳳石過此留題四字
勝於門左斯圖既成借書於額
秋圃貫焯
大清光緒二十九年癸卯春偕何瑞堂其祥貫秋圃焯欽於龍門之石岩中視高山古佛

清（五）

620. 龍門勝概碑

立石年代：清代
原石尺寸：高 73 厘米，寬 140 厘米
石存地點：洛陽市龍門石窟研究院

龍門勝概

題記一
辛丑秋，陸宗伯鳳石過此，留題四字榜於門。今斯圖既成，借書於額。
秋圃賈焯。

題記二
大清光緒二十九年癸卯春，偕何瑞堂其祥、賈秋圃焯飲於龍門之石樓，仰視高山，古佛羅列，俯臨伊水，飛瀑激湍，縱觀樓閣亭臺，美輪美奐。其在乾隆十五年，高宗巡幸，曾加修飭，歷久風雨剥蝕，棟折榱崩，迨光緒辛丑秋，太守文仲恭籌金重修。予三人襄其事。八月十九曰興工，九月十五日告竣。十六日，皇輿止洛。十九日，幸伊闕，拜佛拈香，誠盛會也。當經營伊始，百工趋事，庶民子来，两山之寺院，改修者半，補葺者半。未匝月而庙貌一新。今覽兹勝概，请瑞堂繪圖刻石，爰叙其事以爲記。
東都陳純熙。

題記三
余與友閒游伊闕，覽山川之勝景，石佛古洞，斷碣殘碑，皆魏唐舊迹，傳留至今。惟昔所稱十寺，大半無存。今存者，東有香山，西有潜溪，二寺遥對，伊水中流，廟宇甫經修理，金碧輝煌。吾友囑繪圖以誌勝。因不計工拙，略寫其大概尔。
洛陽何其祥图。

龍門勝概圖碑詩刻六首
夙聞伊闕好，到此一登臨。漢魏空陈迹，圖書不可尋。
緬兹流水意，渾忘出山心。秋滿河陽路，歸途月在林。
嘉定徐書祥。

中州清淑氣，伊闕最爲多。九老芳名在，三龕色相訛。
危樓瞰飛瀑，绝壑探靈窩。暫駐閒曹馬，休教隙景過。
金陵謝嘉祐題。

石磷磷，水蕭蕭，伊闕两峰干雲霄。泉流激湍灘聲遥，西山古洞密如櫛。
東山怪石環山腰，琳宫相望隔一水。蹕路境内三十里，經營餘力不敢遺。
太守賢勞承锡祉，陳何二公籌畫密。計日功成剛廿七，山川靈爽實式憑。
一夕長虹跨水出，慈輿巡幸恩澤長。周於伊洛遍嵩邙，黄童白叟接道旁。
蒼蒼石壁生輝光，瑞堂何君工繪事。陳君粹甫善斯誼，以予濫厠於其次，
奚啻成城由衆志。君不見天子從來家四海，行曰乘輿止行在。
御輦曾經两度過，山水鍾靈長不改。
東都末吏劉作哲率題。

覽勝来伊闕，新圖画逼真。泉鳴山獨静，佛舊庙重新。
李肇唐題。

携手龍山上，高瞻想禹功。雙峰凡十寺，都入畫圖中。
甲辰重陽陳際熙偕弟登高留題。

流水高山趣，丹青妙手傳。此中清静理，覺悟莫如禅。
洛釋教續題。
鐵筆王亭。

重建祠碑

林慮當太行之麓萬山轇轕洹淇淅諸水環之黄華桃源諸渠又環之水泉不為尠矣而民恒苦汲士生其間者類多敦厚不佻或孤峭自喜屏絶聲華美哉知所本矣其有得於山之静直而然與記曰無本不立無文不行願諸生其充以詩書之澤成章而達如原泉之混混而不竭其抑可也邑南龍泉寺不知建自何時吕生宗洛授徒其所生言寺以泉名泉廣不盈尺而渟蓄清深潦不溢旱不涸自緇流及近地居民皆取資焉寺東北有隙本地數畝郡庠劉璽等以其地不病汲可聚徒居也擬建鄉塾數區為生徒肄業地願有以記之余惟汲古之與汲泉義豈有殊乎哉士自束髮授書矻矻數十年深造自得宜無不可至於淹通者乃奄忽間叩其所學已湮塞廢置如井泥之不可食則本源已竭未嘗從事於經史百家之書以擴其學識摭拾章句帖括家之辥獵取旦夕源不遠而流不長立竭之道也生毋務為其竭而已又蒙之象曰果行育德坎之象曰常德行習教事箋註家皆主立教者言然則惟斆學半生更與来學者交勉之而已劉生等能捐建學舍可謂知所好尚者宜勒名碑陰以示勸云

例授文林郎知林縣事盱江鄒蔚祖記

621. 龍泉寺建學記

立石年代：清代
原石尺寸：高 175 厘米，寬 74 厘米
石存地點：安陽市林州市五龍鎮石官村龍泉寺

〔碑額〕：奎躔啓運

林慮當太行之麓，萬山轇轕，洹淇淅諸水環之，黄華桃源諸渠又環之，水泉不爲尠矣，而民恒苦。汲士生其間者，類多敦厚不佻，或孤峭自喜，屏絶聲華，美哉，知所本矣，其有得於山之静直而然。與記曰：無本不立，無文不行，願諸生其充以詩書之澤，成章而達，如原泉之混混而不竭，其抑可也。邑南龍泉寺，不知建自何時，吕生宗洛授徒其所。生言寺以泉名，泉寬不盈尺，而渟蓄清深，潦不溢，旱不涸，自緇流及近地，居民皆取資焉。寺東北有隙地數畝，郡庠劉璽等以其地不病汲，可聚徒居也。擬建鄉塾數區，爲生徒肄業地，願有以記之。余惟汲古之與汲泉，義豈有殊乎哉！士自束髮授書，矻矻數十年，深造自得，宜無不可。至於淹通者，乃奄忽間叩其所學，已湮塞廢置，如井泥之不可食。則本源已竭，未嘗從事於經史百家之書，以擴其學識，摭拾章句，帖括家之辞，獵取旦夕，源不遠而流不長，立竭之道也，生毋務爲其竭而已。又蒙之象曰：果行育德。坎之象曰：常德行習教事。箋註家皆主立教者言，然則惟斆學半生，更與来學者交勉之而已。劉生等能捐建學舍，可謂知所好尚者，宜勒名碑陰，以示勸云。

例授文林郎知林縣事盱江鄒蔚祖記。

龍馬記

余兒童時戲于河壖，父老曰此河中六七年前子馬群曾出，龍形傳以為怪。余亦訝以為奇。後數十年閱石碣所紀載，知為宓羲之

八卦庠端龍馬所負之圖。龍馬所出之河，孟津西北河中漩渦如沸者即其處也。其地縣治桂東北，衆山鎮嶽，石骨森森，所發為峙之

蜿蜒，負洪濤豁潰，爭曲牧于岸原宿莽，得以暢其形性，如熙如悅。然河之孕靈用其而不愛，然彌之一端也。按圖為徽象，驊騄所為火

光之龍，鱗首鼻類龍，髯朱雲角，毛文八卦之坎艮震巽離坤兌乾，六文寓其神鬼之道，為天下六文寓巽禮垓，亦奇象天地日

最靈最秘之竅，洛灤為為以司之，不輸啟而不爲象于宓羲，以手闡玄洩秘露文，所為之發，所以發神靈而身釋其意，結鬱蓄之未

者爲縣。是知父老之以為怪者，亦共以之為大經而非怪也。睹渠之才，權與共類，其不契非其智不契，非智靈不契，飛靈需之發

龍圖曲承繼紀人鬼者，得宓羲而始靈靡也歟？不然，西特獲慶此從而豔之矣，並而塞奚之苦不騁為鬱結也歟？余謂父老之

是也。謂天地為神使之費而不竭，不竭圖怪也，馬亦怪也，河亦怪也，文王、周公、孔子亦怪也，宓羲尤怪之怪也，而不怪不奇天地

亦昧之腐虆之器乎？如是則為開闢一大怪，而為孟津一怪地也，不亦直乎。

禮部尚書王鐸題

王鐸之印　煙潭漁叟

622. 龍馬記

立石年代：清代
原石尺寸：高135厘米，寬50厘米
石存地點：洛陽市孟津區龍馬負圖寺

余兒童時，戲于河墟，父老曰："此河中，下多石子，有聲，曾出龍，相传以爲怪。"余亦訝以爲奇。後數十年閱石碣所記載，知爲宓羲畫八卦，肇端龍馬所負之圖；龍馬所出之河，今孟津西北，河中漩渦倒流者，即其處也。其地繇底柱东下，衆山鉗制石骨，水無所發其憤恨，燥急洑瀄，頽潰盤曲，放于平原宿莽，得以暢其所性，如怒如悦，斯河之舉羸用奢而不受拙抑之一端也。按圖，馬微類驒，蹊水有火光，身龍鱗，首、口、鼻類龍，歊成雲，無角，毛文八卦：乾、坎、艮、震、巽、離、坤、兑，明乎天地神鬼之道，爲千古文章鼻祖。嘻，良亦奇矣！

夫天地間最靈最秘之竅，鴻濛若有以司之，不輸啓而示其象于宓羲，以开辟玄沌，剖露文明，盖天之所以資神靈而自釋其苞結鬱蓄之意者乎？繇是知父老之以爲怪者，千古以之爲大經而非怪也。規矩三才，權輿萬類，賢不契非賢，智不契非智，聖不契非聖。裔裔皇皇，範圍曲求，綱紀人鬼者，得宓羲而始靈睿也歟？不然西狩獲麟則從而斃之矣，世之晦塞，天之意不轉爲鬱結也歟？余謂父老之言是也，謂天地尚神，使之費而不竭，不獨圖怪也，馬亦怪也，河亦怪也，文王、周公、孔子亦怪也，宓羲尤怪之怪也。不怪不奇，天地不亦昧昧腐弊之器乎？如是，即題爲開闢一大怪，而孟津一怪地也，不亦宜乎。

禮部尚書王鐸題。（下刻"王鐸之印""烟潭漁叟"二璽印）

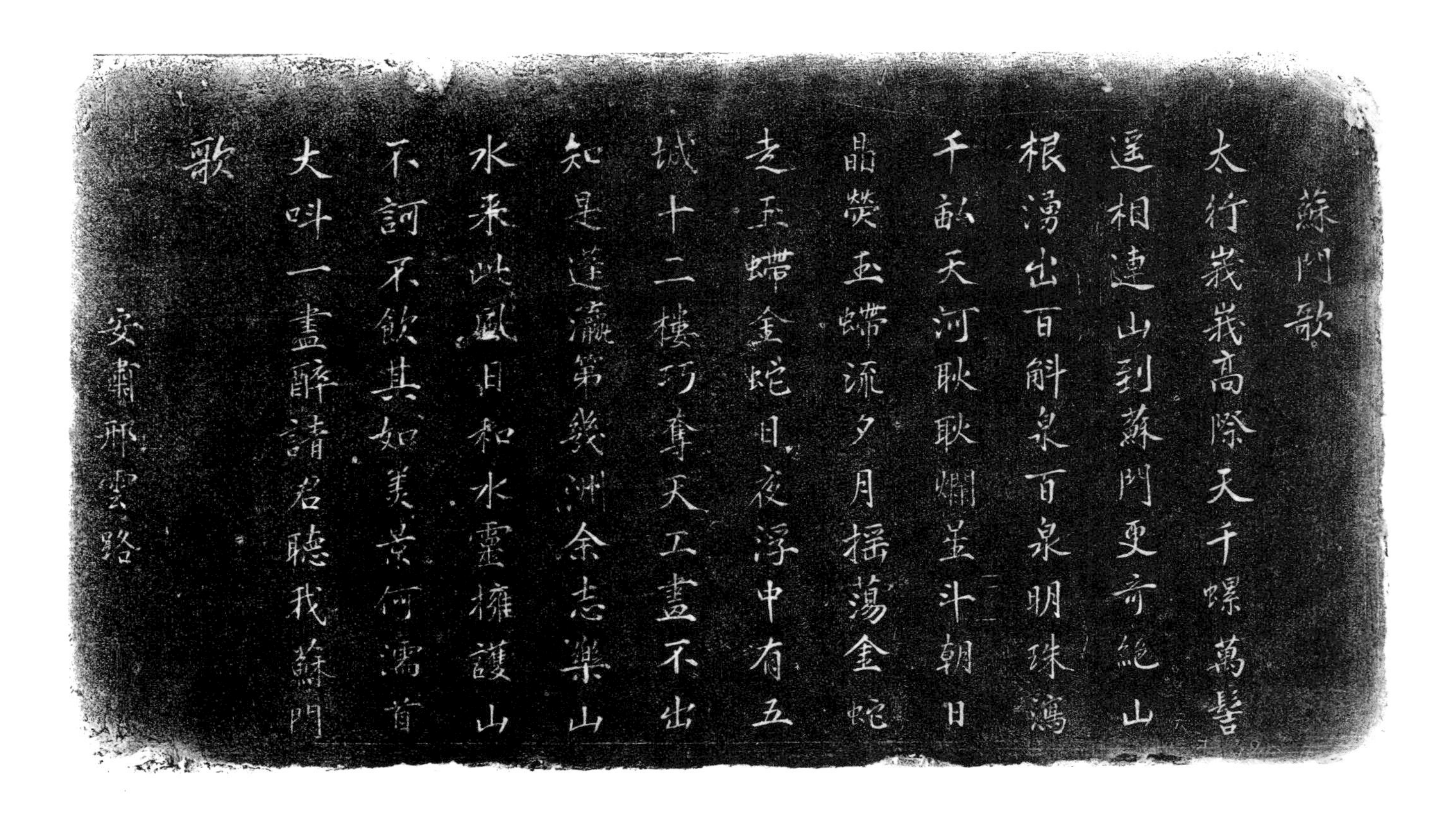

蘇門歌
太行嵬嵬高際天千螺萬髻
逶相連山到蘇門更奇絶山
根湧出百斛泉百泉明珠瀉
千畝天河耿耿爛星斗朝日
晶熒玉蝀流夕月揺蕩金蛇
走玉蝀金蛇日夜浮中有五
城十二樓巧奪天工盡不出
知是蓬瀛第幾洲余志樂山
水來此風日和水靈擁護山
不訶不飲其如美景何濡首
大叫一盡醉請君聽我蘇門
歌　安肅邢雲路

623. 蘇門歌

立石年代：清代
原石尺寸：高 38 厘米，寬 69 厘米
石存地點：新鄉市輝縣市百泉風景區

蘇門歌

太行峨峨高際天，千螺萬髻遥相連。山到蘇門更奇絶，山根涌出百斛泉。百泉明珠瀉千畝，天河耿耿爛星斗。朝日晶瑩玉蝫流，夕月摇蕩金蛇走。玉蝫金蛇日夜浮，中有五城十二樓。巧奪天工盡不出，知是蓬瀛第幾洲。

余志樂山水，来此風日和，水靈擁護山不訶，不飲其如美景何。濡首大叫一盡醉，請君聽我蘇門歌。

安肅邢雲路。

民國時期

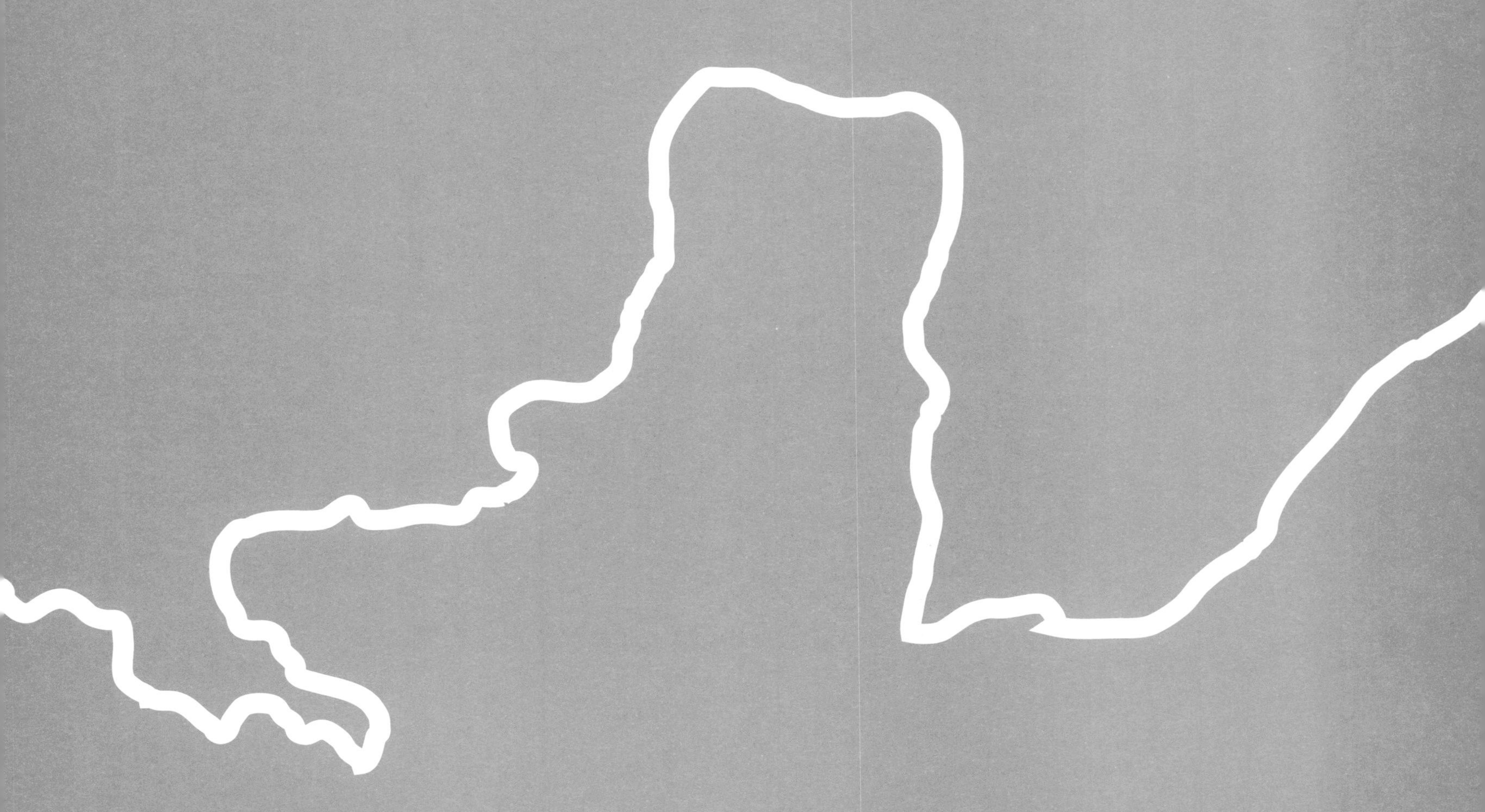

流芳
副首
大清宣統弍年歲次庚戌九月廿日啟
自民國元年壬子瓜月合社全監

624. 灾荒碑記

立石年代：民國元年（1912 年）
原石尺寸：高 150 厘米，寬 60 厘米
石存地點：安陽市林州市桂林鎮琅沃村土地廟

〔碑額〕：流芳

光緒三年人食人，男女餓斃逃山門。東村不敢西村走，娘食兒肉不心疼。米價每石拾七串，麦價拾五串有零。瓜穰豆穰白甘土，剥去樹皮刨草根。二八婦人不尚串，十歲女子换燒餅。出賣田産無人要，牛羊更比賣地行。指望春暖修絮菜，天散瘟疫可不輕。貧富得病皆該死，連病代餓七八分。秋去冬來纔安平，数載之後换新君。宣統接位整三年，免了科考禁洋烟。立學削髮變夷道，中華民國掌江山。

右録七言絶句，後世奇觀，刻石不朽。

副首：郭官箴錢一千五百文，王道榮錢一千五百文，郭官全錢一千五百文，王樂香錢一千貳百文，王樂身錢一千貳百文，郭官奇錢一千文，王樂孝錢一千貳百文，郭官昇錢一千文，郭官常錢一千文，郭明富錢一千文，王樂魁錢一千文，郭瑞雪錢一千文，王樂容錢一千文，郭官梧錢一千文，郭官怀錢一千文，王道朝錢一千文，郭守安錢一千文，郭守文錢一千文，常振林錢一千文，郭官蘭錢一千文，王樂興錢八百文，郭官花錢八百文，王樂蘭錢八百文，王樂忠錢八百文，郭明有錢五百文，郭官袍錢五百文，郭官倉錢五百文，□薄壁郭鶴林錢貳百文，郭守平錢貳百文，郭守林錢一百五十文，盤峪村元德堂錢四百文，郝先桂錢貳百文，郭清泰錢貳百文，王來成錢貳百文，五品秦全義錢四百文，王運昌錢貳百文，盤峪村王全昌錢貳百文，王貴昌錢貳百文，武生秦占元錢貳百文，本村郭守成錢貳百文。

郭明南、郭官昇同施東寨狸禁坡，東西至分水峽，上至分水嶺，下至崖根。王向前、郭官福同施台一个，台前坡一處，南至池上路，東至石界，西至社内，又施棚地，南至石界。郭明珧新施廟基半分，東西北三至石界，前有半分，又施半分。

又立禁坡規矩：牛羊不許入林，倘有毁害山林，罰錢貳百入社。不尊規矩，合社究之外，有捉家貳百到社交明可也。

石工：馮全福。刻工：王來成。木工：侯三秀、王道財、郭官銜。畫工：郭貴文。

貳拾五年遭虫灾，宣民兩元連次來。提羅携筐成斗捉，三番喫我好不該。其時米一斗八百，麦價七百。

大清宣統貳年歲次庚戌九月廿日啟，自民國元年壬子瓜月合社同竪。

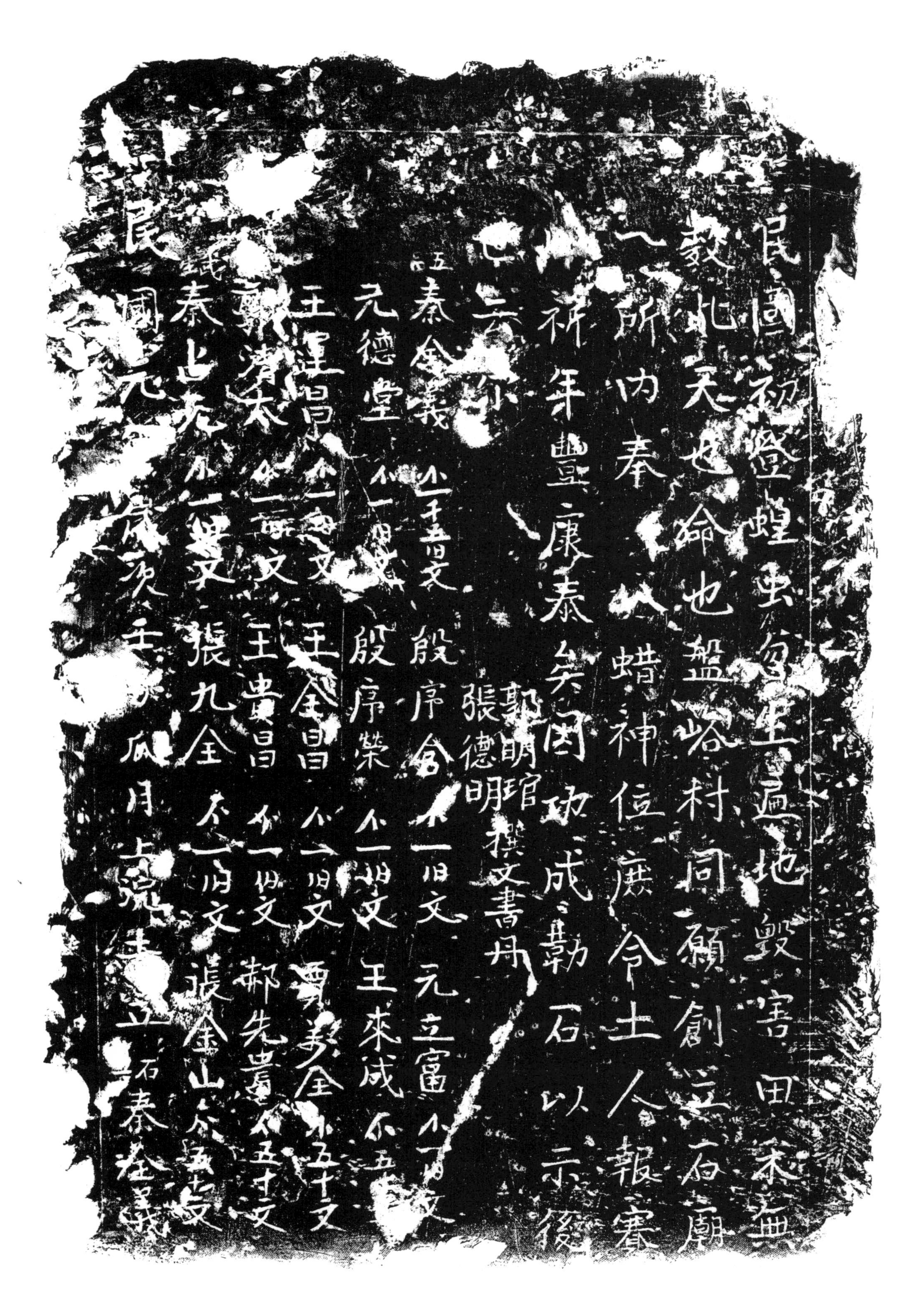

625. 創立石廟碑記

立石年代：民國元年（1912 年）

原石尺寸：高 55 厘米，寬 35 厘米

石存地點：安陽市林州市桂林鎮盤峪村土地廟

民國初登，蝗虫忽生遍地，毁害田禾無数，此天也命也！盤峪村同願創立石廟一所，内奉八蜡神位，庶令土人報賽□祈年豐康泰矣。因功成，勒石以示後世云尔。

郭明瑄、張德明撰文書丹。

五品秦全義錢一千五百文，元德堂錢一百文，王運昌錢一百文，郭清太錢一百文，武生秦占元錢一百文，殷序倉錢一百文，殷序榮錢一百文，王全昌錢一百文，王貴昌錢一百文，張九全錢一百文，元立富錢一百文，王來成錢五十文，賈萬全錢五十文，郝先貴錢五十文，張金山錢五十文。

石工：秦全義。

民國元□歲次壬子瓜月上浣吉立。

626. 創修水渠碑記

立石年代：民國元年（1912 年）
原石尺寸：高 103 厘米，寬 73 厘米
石存地點：洛陽市汝陽縣小店鎮黄屯村

……之事，豈非夫有□於群生，深協乎衆心哉！然非無因而有是舉也。民國元年，匪類横行，民……危急□□之秋，將何恃以無恐？輾轉以思，惟開渠灌田圍寨，民命庶几可保也。特無人……緬汝水之南迁，順此疆而東注。我懷如何？邀諸首事而公議曰：當今之時，萬開渠救荒……奉□諭，不敢自逞其才智，因請邑城□局實業，會同稟命於縣尊李公赫辰，以……善之事，□世之利也，尔等盍早圖之。歸而謀諸衆，衆曰：上既恩準此事，又令書差……循行陌阡，随地勢以掘導，縱工程浩大，費用繁多，而同心協力，不數日順河治水。至於行渠所占趙村地畝，同官委人文明買用官地，共費大錢……興仁渠，南迁北移，當□地價交清，存立案卷，以爲將來之徵。從此，耕九餘三……功速哉。雖然渠已成矣，而行人之往來，猶多病涉。石台街張公其祥，睹渠……短叙，共勒貞珉，昭兹來許。

……撰文。

……丹書。

……中浣穀旦立。

627-1. 重新蒼龍廟序（碑陽）

立石年代：民國二年（1913年）
原石尺寸：高165厘米，寬60厘米
石存地點：安陽市林州市任村鎮清沙村蒼龍廟

〔碑額〕：重新

重新序

小民之需雨亦甚矣，當夫良苗在地，得雨則生，不得雨則萎，不能無望於龍神之爲德也。此間廟宇一座，乃護國蒼龍神之所在也，相□則獻戲酬功之戲樓也。清宣統三年歲在辛亥，村人并事重新之舉，重新者因前時之新者已舊，今日之舊者又新之也。入廟而薦馨香，登臺而陳歌舞，凡以報其澤潤生民之功耳。顧或謂陰陽和而後雨澤降，天地生物之功使然，乃顧名思義，龍者，治水者也，龍神豈無與以雲行雨施之事乎？即體天地之心以爲之者也。炎炎六月之間，正仰時雨，我村於是月報賽之期，恒蒙陰雨之膏，其顯應於臨時者有如此。是則神功浩浩，雨露瀼瀼，虔誠以祭，如在洋洋。因爲之祝曰：願得風調雨順，年年少亢旱之灾，庶幾民和年豐，歲歲享太平之福。神之意若曰：汝曹作事順天心，自得甘霖随人願。由是觀之，以誠感神，尤須以善感神。神豈有不靈者哉！神豈有不應者哉！亦在人之自爲爾。是爲序。

廩生石振興撰，生員許作舟校，文童胡法章書。

總會首石光明捐錢伍百文，社首石光華捐錢伍百文。管事：丁存先捐錢一百文，馬兆銀捐錢二百文，石光明捐錢二百文，胡龍颺捐錢三百文，馬國昌捐錢二百文，胡德全捐錢二百文，胡法林捐錢二百文，馬中羊捐錢二百文，石金潤捐錢二百文，胡祥文捐錢二百文，胡法金捐錢二百文，馬恕昌捐錢一百文，胡榜文捐錢一百文，許廷元捐錢一百文。

石工：胡三讓、胡安文、胡來聚，共捐錢伍百文。金匠王萬全，泥水工馬守山。

中華民國貳年歲次癸丑中和月合社同立。

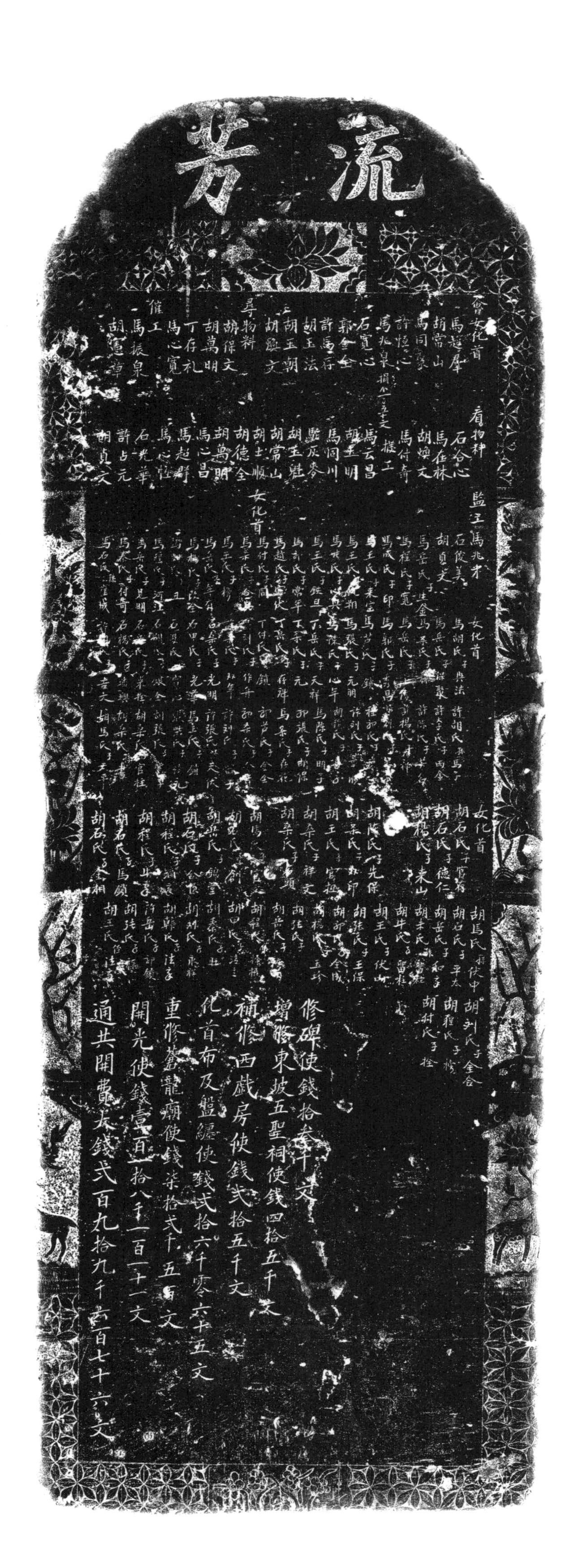

627-2. 重新蒼龍廟序（碑陰）

立石年代：民國二年（1913 年）
原石尺寸：高 165 厘米，寬 60 厘米
石存地點：安陽市林州市任村鎮清沙村蒼龍廟

〔碑額〕：流芳

重新蒼龍廟序

會女化首：馬超群、胡常山、馬同聚、許恒心、馬兆泉捐錢一百五十文。石寬心、郭金全、許馬存、胡玉法、胡玉朝、胡焕文。尋物料：胡保文、胡萬明、丁存礼、馬心寬。催工：馬振泉、胡憲章。看物料：石合心、馬在林、胡焕文、馬付奇。撥工：馬云昌、胡玉明、馬同川、駝灰麥、胡玉魁、胡常山、胡士順、胡德全、胡萬明、馬心昌、馬超群、馬心恒、石光華、許占元、胡貞文。監工：馬兆才、石俊美、胡貞文、馬岳氏子生金、馬程氏子寬、馬成氏子印、馬王氏子鳳翔、馬張氏子心興、馬王氏子鐵旦、馬郭氏子常年、馬趙氏子寧伏、馬付氏子同、馬桑氏子合興、馬王氏子榜、馬岳氏子年有、馬楊氏子改全、馬胡氏子丑、馬程氏子河江、馬岳氏子見明、馬秦氏子付奇、馬石氏孫崔成。女化首：馬胡氏子興法、馬岳氏子保聚、馬桑氏子有、馬岳氏子上俊、馬郭氏子秀昌、馬芦氏子鎖、馬張氏子元明、馬陳氏子心年、丁岳氏子天祥、丁桑氏子元、丁岳氏子存魁、丁付氏子鎖、丁刘氏子作舟、許□氏子双年、石桑氏子光明、石申氏子光華、石夏氏子寬心、石胡氏子銀全、石吴氏子来栓、石楊氏子璠嶼、許胡氏子吉文、許胡氏孫馬子、許李氏子丙金、許陳氏子芳名、許楊氏子祥、郭刘氏子□中、程郭氏子寥子、許刘氏子章順、胡程氏子喜子、馬陳氏子明子、郭張氏子胡保、馬桑氏子存花、郭芦氏子金全、郭桑氏子金貴、許刘氏子留子、郭張氏子天伏、馬王氏子鎖、張柴氏子榜元、胡張氏子堂子、胡桑氏子官柱、胡桑氏孫書、胡馬氏子天平。女化首：胡石氏子官存、胡石氏子德仁、胡楊氏子來山、胡陈氏子先保、胡桑氏子双印、胡王氏子官扭、胡桑氏子祥文、胡桑氏子石頭、胡馬氏子官文、胡石氏子創、胡岳氏子錦堂、胡石氏子合顺、胡程氏子滴□、胡程氏子牛章、胡石氏子馬鎖、胡石氏子金相、胡馬氏孫伏中、胡石氏子平太、胡岳氏子和章、胡未氏孫留柱、胡牛氏子留柱、胡王氏子伏山、胡張氏子王保、胡郭氏子全成、胡楊氏子玉珍、胡張氏子、胡岳氏子榜□、胡程氏子擇根、胡申氏子清□、胡秦氏子旺、胡刘氏子永祥、胡韓氏子法章、許岳氏子郭鎖、胡張氏子禄、胡王氏侄法育、胡劉氏子金合、胡程氏子榜、胡付氏子栓。

修碑使錢拾叁千文，增修東坡五聖祠使錢四拾五千文，補修西戲房使錢貳拾五千文。化首布及盤纏使錢貳拾六千零六十五文，重修蒼龍廟使錢柒拾貳千五百文，開光使錢壹百一拾八千一百一十一文。通共開費大錢貳百九拾九千六百七十六文。

流芳

祠碑序

晋書有云正月至六月不雨祷乞顯應大雨晋
降見白龍下降之昭昭也今六月大旱苗則
稿矣忽想古人之遺書因雨苦求
白青二龍神之位前不時感應普降甘霖秋後報功
刻石以垂不朽之云爾

社首李周南 樹昌
水官李朝服 朝恭
賈文彬 紀和
買辦李周標 世昌 占放 澤林
巡香石五清 李玉璞
放炮李三存 周新
裡巡風李作雨 布福
打鑼李三仁 周江
攢錢李樹藻 樹釣 旺才 樹云 朝儁 中□ 中全 周太 芳榮 朝相 郭振朝
外巡風李占德 同心 三旺 □文 三星 朝全 三英 景玉 三富
燒茶李運青 賈振朝
担水李周寬
石匠傅夢周
李克明書

中華民國二年十月初十日約台村 立

628. 洞碑序

立石年代：民國二年（1913 年）
原石尺寸：高 67 厘米，寬 37 厘米
石存地點：安陽市林州市任村鎮豹臺村白龍洞

〔碑額〕：流芳

洞碑序

《晋書》有云：正月至六月不雨，祷乞顯應，大雨普降，見白龍下降之昭昭也。今六月大旱，苗則槁矣。忽想古人之遺書，因爾苦求白青二龍神之位前，不時感應，普降甘霖。秋後報功，刻石，以垂不朽之云爾。

李克明書。

社首：李周南、李樹昌。水官：李周服、李朝恭、李文彬、賈抱和。買辦：李周標、李世昌、李占敖、李澤林。巡香：石玉清、李玉璋。里巡風：李作雨、李希福。打鑼：李三仁、李周江。放炮：李三存、李周新。攢錢：李樹溥、李學鈞、李旺才、李樹云、李朝僊、李□□、李中全、李周太、李芳荣、李朝相、郭振朝。外巡風：李占福、李同心、李三旺、李學义、李三星、李朝全、李三英、李景玉、李三富。燒茶：李運青、賈振朝。担水：李周寬。石匠：傅夢周。

中華民國二年十月初十日豹台村立

千古不朽
垂鑒來茲
廟宇係報賽重地泉池乃養生所需兩地之下俱有煤
崖村中開煤礦者眾夥恐後人採取煤利害此兩地
合都公議嚴為禁勒諸貞珉冀垂永久示耳
中華民國二年冬月吉旦 合社公立

629. 嚴禁在廟地開采煤垂鑒來兹碑

立石年代：民國二年（1913 年）
原石尺寸：高 151 厘米，寬 53 厘米
石存地點：焦作市博愛縣寨豁鄉漢高城村高祖廟

〔碑額〕：千古不朽

垂鉴來兹

廟宇係報賽重地，泉池乃養生所需。两地之下，俱有煤産，村中開煤礦者最夥，恐後人采取煤利，害此两地，合村公議，嚴爲厲禁。勒諸貞珉，冀垂永久示耳。

中華民國二年冬月吉旦合社公立。

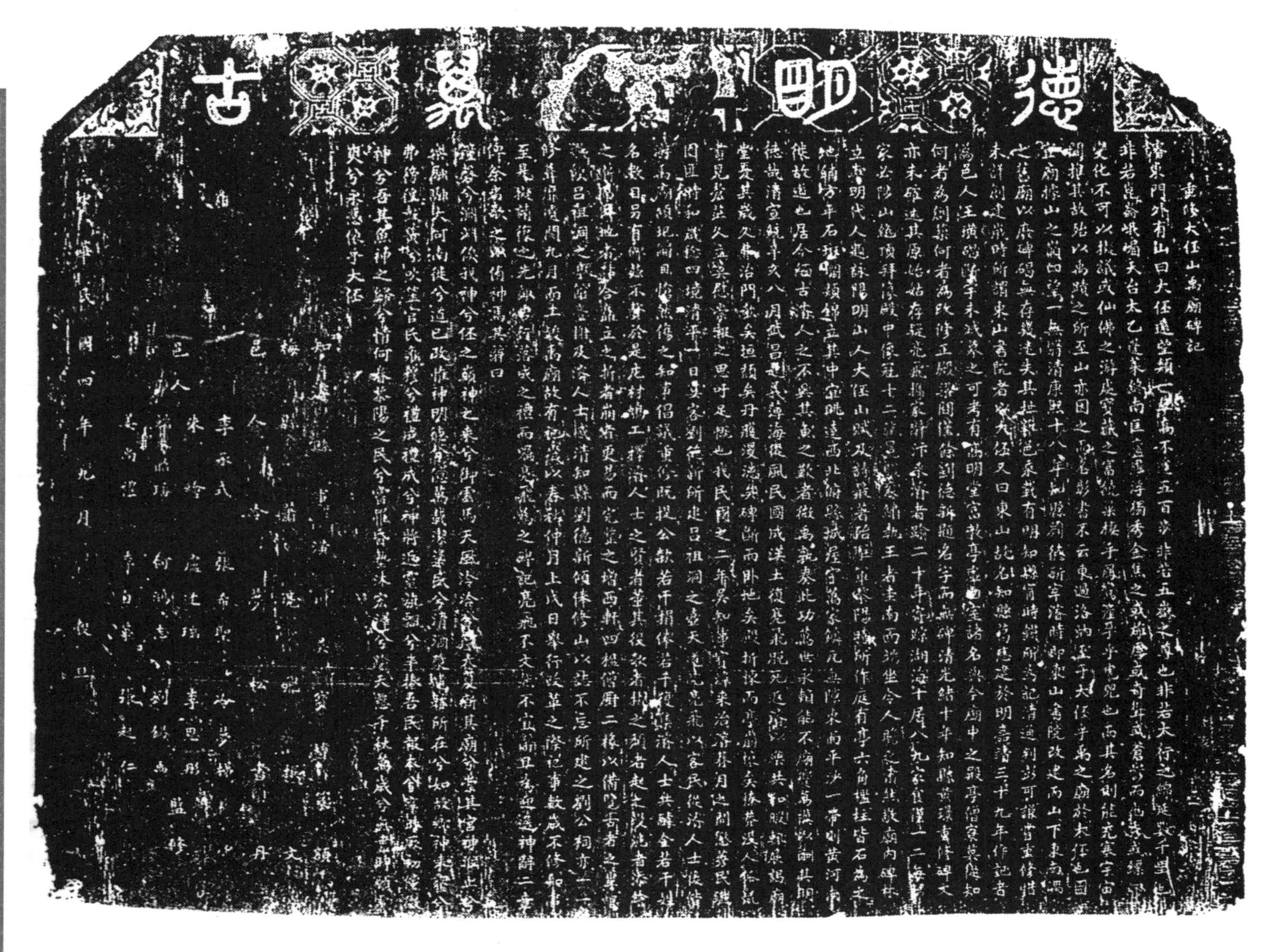

630. 重修大伾山禹廟碑記

立石年代：民國四年（1915 年）
原石尺寸：高 118 厘米，寬 148 厘米
石存地點：鶴壁市浚縣大伾山禹王廟

〔碑額〕：德明萬古

重修大伾山禹廟碑記

浚東門外有山曰大伾，遠望類一阜，高不過五百步。非若五嶽之尊也；非若太行之綿延數千里也；非若昆侖、峨嵋、天台、太乙、蓬萊、終南、匡廬、羅浮、獨秀、金焦之或雄厚，或奇聳，或蒼鬱而幽秀，或縹緲變化不可以擬議，或仙佛之游處、寶藏之富繞、巢栖乎風鸞、産孕乎虎兕也，而其名則能充塞宇宙間。推其故，殆以禹迹之所至，山亦因之而名彰。《書》不云東過洛汭，至于大伾乎？禹之廟於大伾也，固宜廟據山之巔，四望一無翳。清康熙十八年知縣劉德新宰浚時即東山書院改建，而山下東南隅之舊廟以廢，碑碣無存，幾迷失其址。雖邑乘載有明知縣寧時鏌所爲記、清通判彭可謙嘗重修，惜未詳創建歲時。所謂東山書院者以“大伾”又曰“東山”故名。知縣葛慈建於明嘉靖三十九年，作記者爲邑人王璜，碣斷字未滅，摹之可考。有高明堂、富教亭、虚白室諸名勝與今廟中之殿亭僧寮，莫從知何者爲創築，何者爲改修。正殿梁間僅餘劉德新題名字而無碑。清光緒十年知縣黄璟重修，碑文亦未確述其原始，姑存疑。亮飛携家辭汴來浚者逾二十年，寄踪湖海十居八九，家食僅一二，每歸家必陟山絶頂，拜像殿中。像冠十二旒冕，服衮繡，執王者圭，南面端坐，令人瞻之肅然敬。廟内碑林立，率明代人題咏。陽明山人大伾山賦及詩最著，殆駐軍黎陽時所作。庭有亭，六角，檐柱皆石爲之。地鋪方平石，斑斕類錦。立其中宜眺遠；西北俯縣城屋宇萬家，鱗瓦無隙；東面平沙一帶，則黄河南徙故道也。居今緬古，浚人之不興其魚之嘆者，微禹孰奏此功？萬世永賴，能不廟饗萬禩以酬其明德哉！

清宣統辛亥八月武昌起義，薄海從風，民國成，漢土復。亮飛脱死返浚以樂共和，暇輒展謁廟堂。憂其歲久弗治，門欹矣，垣頽矣，丹雘漫漶矣，碑斷而卧地矣，殿折棟而亭崩榱矣。榛莽没人，狐鼠晝見。蒼茫久立，莫慰崇報之恩，吁足慨也。我民國之二年，吴知事寶煒來治浚，期月之間，懲莠民，殲團匪，時和歲稔，四境清平。一日，宴客劉德新所建之吕祖洞之“壺天道院”。亮飛以客民從浚人士後偕游。禹廟傾圮，觸目愴然傷之。知事倡義重修，既提公款若干，捐俸若干，復集浚人士共醵金若干。姓名數目另有碑，兹不贅。於是，庀材鳩工，擇浚人士之賢者董其役。欹者扶之，頽者起之，漫漶者添繪之，斷而□地者黏合矗立之，折者崩者更易而完整之。增西軒四楹，僧厨二椽，以備覽古者之坐憩宴飲。吕祖洞之亭館臺榭，及浚人士感清知縣劉德新傾俸修山以誌不忘所建之“劉公祠”亦一一修葺靡遺。閲九月而工竣。禹廟故有祀，歲以春秋仲月上戊日舉行。改革之際，祀事數歲不修，知事至是擬請復之。先諏吉行落成之禮，而囑亮飛爲之碑記。亮飛不文，然不宜辭，且爲迎送神辭二章，俾祭者歌之以侑神焉。其辭曰：

鐘磬兮淵淵，俟我神兮伾之巔。神之来兮御雲馬，天風冷冷兮疑大夏。新其廟兮崇其宫，神涖止兮樂融融。大河南徙兮道已改，惟神明德兮億萬載。潔粢盛兮清酒漿，遺迹所在兮如故鄉。神来饗兮弗徬徨。

鼓簧兮吹笙，官民雍穆兮禮成。禮成兮神將返，靈旗飄兮半卷。吾民報本兮寧昧，厥初倘微

神兮吾其魚。神之歸兮情何眷，黎陽之民兮嘗罹昏墊。沐宏澤兮蹌天慈，千秋萬歲兮無盡時。願靈爽兮，永憑依乎大伾。

知浚縣事潢川吴寶煒篆額，梅縣蕭亮飛撰文，邑人冷夢松書丹。

邑人：李永式、張希聖、冷夢梯、朱繪、盧逢瑞、李恩彤、端木昭璠、何鴻志、劉錫禹、姜尚禮、李自華、張起仁監修。

中華民國四年九月穀旦。

〔注〕：本碑内容不涉及具體水利，因記修繕禹廟，姑附録于此。

《重修大伾山禹廟碑記》拓片局部

631. 重修舞樓書房廟橋記

立石年代：民國四年（1915年）

原石尺寸：高170厘米，寬63厘米

石存地點：洛陽市欒川縣潭頭鎮石門村全神廟

〔碑額〕：重修舞樓書房庙橋

石門爲潭湯鎖鑰，亦東西通衢也，舊有五福神祠。光緒二年，陳君諱貴華者，因崔君所施公坡伐薪貨錢，高其閈閎，增神數尊，改名全福宮，碑表可考，已数十年矣。迄今舞樓一座、八方廟一楹、書房四間、石橋四孔，風雨飄摇，溪流衝突，業已不堪寓目。幸賴陳君及趙君清賢、許君連明，所遺公坡餘款，子母生息，約有二百餘緡。村正閻君清操與首事楊永超等，毅然倡舉，籌画經營，視爲己任，日夜憔瘁，不憚辛苦。春而經始，及瓜告竣，基址雖仍其旧，而月窗風檻，塗塈丹青，增修遠勝厥初。督工者争先，捐工者恐後，翬飛虹落，種種改觀矣。斯舉也，公款爲起事之基礎，而閻君實成功之領袖，雖蒙神佑，亦大得人力也。今日者，高樓焕然，廣厦綽然，大道坦然。他日或有善繼善述，永保而不替者，是更有望於後人云。

豪卿李廷傑撰文，景渠張居賢書丹，星垣梁維屏篆額。

木工：趙同聲。玉工：王青林。

共費錢一百六拾捌串整。共捐工一千二百七拾個。

總理閆中正捐一十。

首事：陳□□捐工二個。許連捷捐工六十。梁京科捐工三十二。梁維一捐工十一。楊永超捐工五個。魏書丹、閆勁操捐工三十四。張居賢捐工十三。梁文□捐工一十。趙□賢捐工二十五。王愛賢捐工十八。趙同昇捐工十七。占有坤捐工廿二。□元勛捐工十二。楊永祥捐工廿三。龐崇德捐工十五。楊永爵捐工十個。張居魁捐工十六。張□瑄捐工十□。倪學德捐工二十六。張銘捐工四十三。梁文章捐工七個。魏學易捐工十七。王書清捐工卅二。尋高林、陳清杰，各廿二。鄭合捐工二十。王任矣、魏學□，各十九。魏□□、王旦，各十八。劉成雙捐工十七。張居仁捐工十八。鄭孟月捐工十六。張興、鄭繼志、張居信、劉喜娃、柴雲亭，各十五。梁福申、魏鳳樓、徐豹子，各十三。□□心捐工□□。王永瑞、劉六支，各捐工十二。王立仁捐工十一。劉六、劉長興、張福娃，各十個。劉士彬、劉□□、郭同娃、趙喜才，各九個。馬□□捐工九個。魏雲捐工十一。梁文標、王□明、鄭國治、王明德、王青山、梁維精、陳新京、閆中立、□□□，各八個。□□捐工七□。董敬德捐工一十。趙清三、王辛卯、徐邦彦、魏成娃，各七個。魏現、馬同慶、段保、張□□、梁仁法，各六個。王□□捐工五個。許書琴捐工八個。張林、魏堂、郝克禮、劉青藜、郎福祥、王琴娃、□□□、魏喜堂，各五個。□維翰、梁有仁，各四個。郭鳳奇捐工七個。魏寶貴、魏明德、魏明勛、張清鏡、鄭有、□長均，各四個。……魏成德、倪海，各五個。尚忠信、郭天成、郭大昇、楊永亮、倪邦彦、文安娃、文高□、王生娃、□□娃，各三個。王福全捐工五個。尋春生、謝黑旦、鄭德、楊雙喜、王寶來、鄧□杰、□□乾，各二個。□清奇捐工三個……張黑娃、張定、陳清廉、党旦、姜銘、張喜、王三，各一個。

民國四年歲次乙卯應鐘月中浣穀旦。

流芳

嘗謂大旱望雨，人之同情，自古而下，未有不望雨者也。去年七月初至今年七月間，未落透雨，天下民心惶惶，如坐塗炭，各村莊無不求雨。我村有社首李中厚、李三英、李須村眾亦苗求白龍老爺，雨澤普降，甘霖既沾既足，郡有边界，村之左右，苗興浡然。顯聖若此，秋豐收，誇功報德，其德無疆。有事煩之，實難備載，今敘其事云爾。

社首李[illegible] 李[illegible] 作雨 燒 李逢春
首李三英 香[illegible] 李三仁 茶 李保印 外
李景玉 經[illegible] 李景青 攝[illegible] 李樹朝 巡李樹榮
水李周殿 巡李[illegible] 李太禎 李樹去 風李景行
正宗 風[illegible] 李[illegible] 賬李樹[illegible] 錢 占[illegible] 万庫 周有 學參
官 手[illegible] 武[illegible]

中華民國伍年　梅月　初九日　穀旦

632. 祈雨碑記

立石年代：民國五年（1916 年）

原石尺寸：高 71 厘米，寬 37 厘米

石存地點：安陽市林州市任村鎮豹臺村白龍洞

〔碑額〕：流芳

嘗聞大旱望雨，人之同情。自上而下，未有不望雨者也。去年七月□到本年七月間，未落透雨，天下民心惶惶，如坐塗炭，各村庄無不求雨。我村有社首李中厚、李三英率領村衆亦苦求白龍老爺雨澤，普降甘霖，既沾既足，却有边界。村之左右，苗興浡然，显聖若此，秋□豐收，誇功報賽，其德無疆。有事煩多，实难備載，略叙其事云尔。

社首：李三英。水官：李景玉、李周服、李正宗。巡香：李向來、賈振付。里巡風：李三星、李文彬。炮手、□□：李作雨、李三仁。管賬：李景青、李太禎、李樹符。燒茶：李逢春、李保印。攢錢：賈振朝、李樹云、李占冠、李万庫。外巡風：李樹榮、李景有、李周行、李周有、李学琴、李成合。

中華民國伍年梅月初九日穀旦。

日
月
流芳百代
施渠道碑
民國五年菊月上浣合渠仝立

633. 施渠道碑

立石年代：民國五年（1916年）
原石尺寸：高162厘米，寬58厘米
石存地點：洛陽市新安縣鐵門鎮玉梅村水源村民組

〔碑額〕：流芳百代　　日　月

施渠道碑

張先生印貞：施渠長七丈，寬五丈。張氏合族：施渠長四丈，寬八尺。張氏二門：施渠長三丈，寬六尺。王先生印□聲：施渠二節，共一百三十三丈。張先生印裕：施渠長二丈，寬五尺。張先生印有仁：施渠長三丈，寬九尺。張先生印永泰：施渠兩節，長二丈，寬六尺。張先生印尚：施渠□八丈。張先生印欽：施渠長十丈，寬八尺。張□憲堂：施渠長七十丈，寬二丈。王先生印文秀：施渠長卅二丈，寬八尺。張先生印永坤：施渠長十丈，寬八尺。張先生印連三：施渠長七丈，寬八尺。郭仙師印教福：施渠……郭先生印根成：施渠……張先生印□長：施渠……張先生印登雲：施渠長二十五丈，寬八尺。鄧先生印光□：施渠長十八丈，寬八尺。丁氏合族：施渠長十一丈，寬八尺。耿先生印錫純：施渠長四十三丈，寬一丈二尺。盧院村義學□：施渠□□□丈，寬□□樊先生印……樊先生印……樊氏二門……樊先生印……樊先生印書學……樊先生印清□施渠……樊先生印書山：施渠長十丈，寬九尺。樊先生印清流：施渠長廿五丈，寬五尺。高門王氏：施渠長三丈，寬三尺。樊先生印□□：施渠長五丈，寬四尺。高先生印文明：施渠長三十五丈，寬五尺。張先生印維范、維翰：施渠。樊先生印振元：施渠長五丈，寬八尺。樊先生印富順、富清：施渠共長八丈，寬八尺。樊先生印清澗：施渠長十三丈，寬五尺。

民國五年菊月上浣合渠同立。

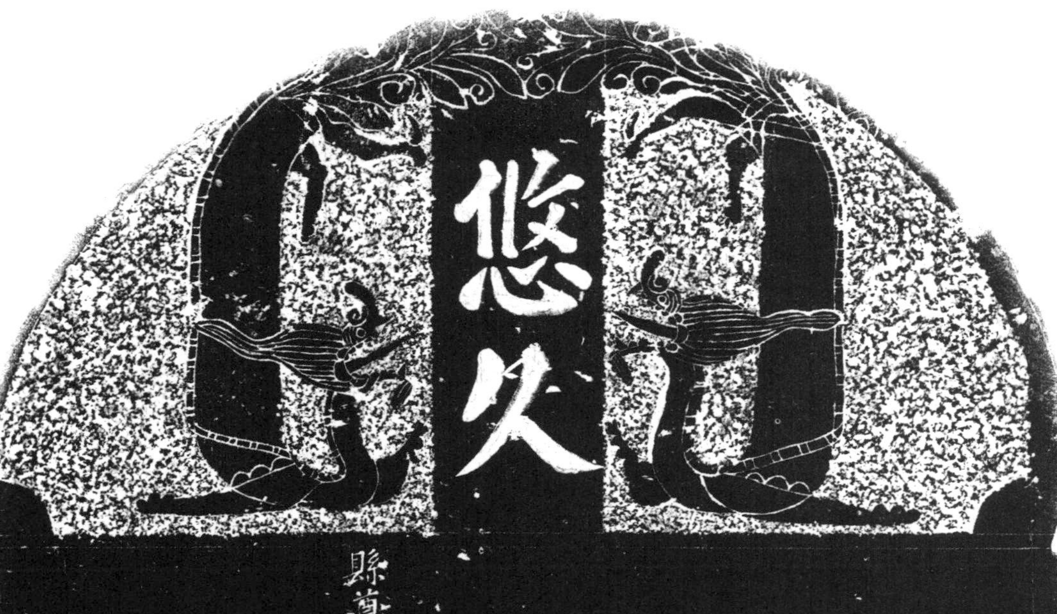

創修水源渠記

且以必有堅苦卓絕之志乃能成萬年不朽之業此有志之所以

磔中有水自東南來者曰玉梅澗清冽甘美盛旱不竭水源村中[illegible]

文太守悌楸闔屬修渠井以備旱於是與居嵩山宗元清操等創開[illegible]

志終思有以成之而後已民國元年秋冬之交旱甚鉄門海秋張封君[illegible]

水源村祖營在焉封君志在利人久為鄉里所推重因與樊君宗元國富

今居鉄門平昔所為於村人無裨毫毛今欲修水源渠以竟昔年村衆未成

遂慨捐五十餘金偕諸君相地測山另易渠口勘渠線於張貞王金貴郭[illegible]

襄並允在其地起土築堰即日興工其中艱難苦況非有艱苦卓絕之志者[illegible]

費工七千零至今春始蕆事焉艱難數載雖張封君提倡之功亦諸君同心協[illegible]

業已繪圖締規稟明

縣尊存卷立案諸君復欲勒石垂遠以誌緣起余與封君[illegible]樊君[illegible]相知有素因[illegible]

另為立石以誌芳聲云民國五年丙辰秋九月澠池渠陽山人楊[illegible]撰　邑[illegible]

一渠長二人名譽職每年由衆公舉總理本渠一切事宜年終交代應將經[illegible]

長派充襄辦本渠一切事宜分任渠長之勞　三渠戶宜服從渠長命令[illegible]

及彼不得攙越如自致違悞澆完他地方準補澆非是不在此限　五派[illegible]

六凡地登入本渠地册者方準享受本渠利益否則須用相當價值買[illegible]

乾没公項者盜水者擅移及侵損渠道者再有人敢[illegible]送[illegible]處[illegible]　八本規[illegible]

634. 創修水源渠記

立石年代：民國五年（1916 年）
原石尺寸：高 111 厘米，寬 58 厘米
石存地點：洛陽市新安縣鐵門鎮玉梅村水源村民組

〔碑額〕：悠久

創修水源渠記

且人必有堅苦卓絶之志，乃能成萬年不朽之業，此有志之所以……溪中，有水自東南來者曰玉梅澗，清冽甘美，盛旱不竭。水源村中父……文太守悌檄闔属修渠井以備旱，於是樊君嵩山、宗元、清操等，創開渠……志終思以成之而後已。民國元年秋冬之交旱甚，鐵門海秋張封君……水源村祖營在焉。封君志在利人，久爲鄉里所推重，因與樊君宗元、國賓……今居鐵門，平昔所爲於村人無裨毫毛，今欲修水源渠以竟昔年村衆未成……遂慨捐五十餘金，偕諸君相地測山、另易渠口，勘渠綫於張貞、王金貴、郭仙……襄，并允在其地起土築堰。即日興工，其中艱難苦况，非有艱苦卓絶之志者，决不……費工七千零，至今春始蒇事焉。艱難數載，雖張封君提倡之功，亦諸君同心協助……業已繪圖締規、禀明縣尊，存卷立案，諸君復欲勒石垂遠，以誌緣起。余與封君暨樊君等皆相知有素，因……另爲立石以誌芳聲云。

一、渠長一人，名譽職，每年由衆公舉，總理本渠一切事宜，年終交代，應將經……長派充，襄辦本渠一切事宜，分任渠長之勞。三、渠户宜服從渠長命令……及彼不得攙越，如自致違悮，澆完他地，方準補澆，非是不在此限。五、派……六、凡地登入本渠地册者，方準享受本渠利益，否則須用相當價值買……乾没公項者、盗水者、擅移及侵損渠道者，再有大故，送案究處。八、本規則……

民國五年丙辰秋九月，澠池縣洪陽山人楊堃撰，邑人……

堅如磐石
前清邑侯傅大老爺公斷渠水感德碑
宜城東　村七里店後庄村有順陽河一道乾隆年間三村公禀每村三天輪流灌田不許私改河水
以　已私經前清徐蕭大老公断在案卷存縣房以垂永久至宣統元年本村茹廿秀與高橋村　灌田
爭水兩相口角興訟於本縣傅大老爺案下後經堂訊仍照前案高橋村七里店後庄村每村仍按三天
輪流灌田不許私改河水立案如山不能改易第恐年遠日久村中不能週知因列負珉以俾後人容易查
考云
本村執事人
茹聯魁
茹泮池
茹連城
茹萬松
茹振鐸
茹世
仝立
大中華民國五年歲次丙辰季冬月　穀旦

635. 傅縣長公斷渠水感德碑

立石年代：民國五年（1916 年）
原石尺寸：高 172 厘米，寬 63 厘米
石存地點：洛陽市宜陽縣錦屏鎮東店村觀音堂

〔碑額〕：堅如金石

前清邑侯傅大老爺公断渠水感德碑

宜城東高橋村、七里店、後庄村有順陽河一道。乾隆年間，三村公禀，每村三天輪流灌田，不許私改河水，以便己私。經前清蕭大老、徐大老公断在案，卷存縣房，以垂永久。至宣統元年，本村茹世秀與高橋村某，以灌田争水，兩相口角，興訟於本縣傅大老爺案下。後經堂訊，仍照前案高橋村、七里店、後庄村，每村仍按三天輪流灌田，不許私改河水。立案如山，不能改易！第恐年遠日久，村中不能周知，因列貞珉，俾後人容易查考云。

本村執事人：沈聯魁、茹泮池、茹連城、茹萬松、茹振鐸、茹世秀。

同立。

大中華民國五年歲次丙辰季冬月穀旦。

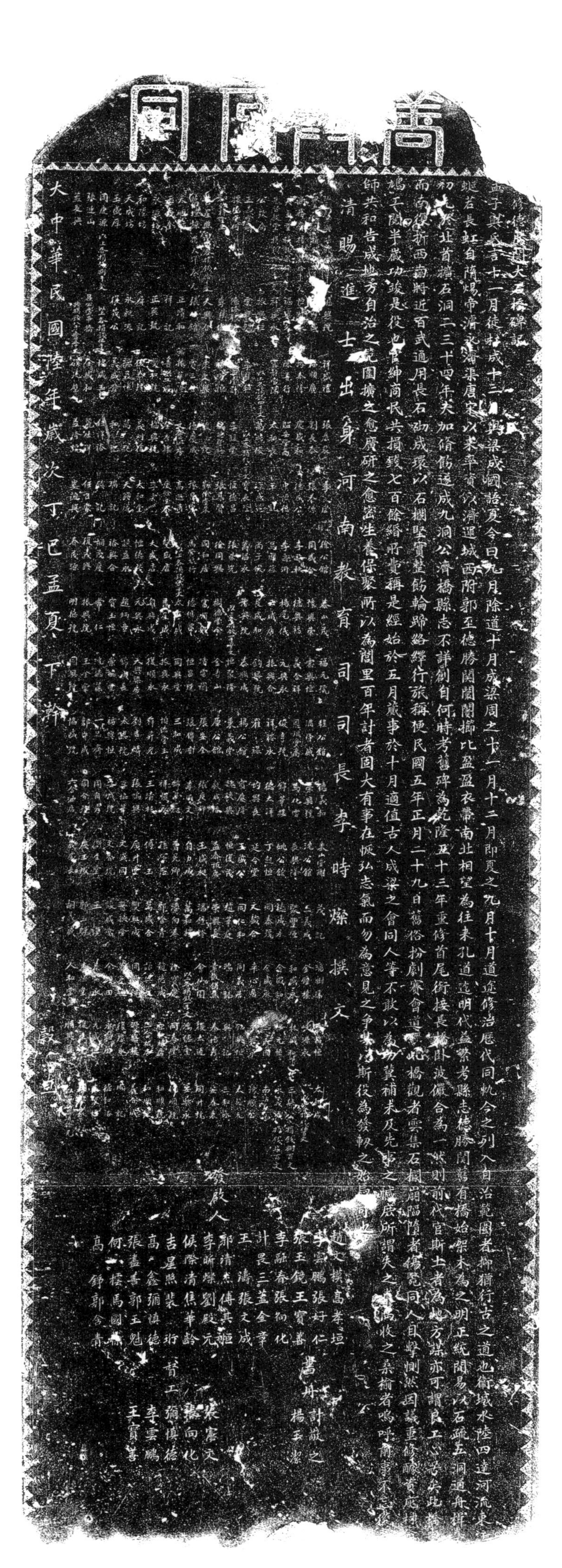

636. 重修德勝關大石橋碑記

立石年代：民國六年（1917 年）
原石尺寸：高 190 厘米，寬 64 厘米
石存地點：新鄉市衛輝市城郊鄉玄帝廟

〔碑額〕：善門□同

□修德勝關大石橋碑記

孟子輿氏言：十一月徒杠成，十二□輿梁成。《國語·夏令》曰：九月除道，十月成梁。周之十一月、十二月，即夏之九月、十月。道途修治，歷代同軌。今之列入自治範圍者，抑猶行古之道也。衛城水陸四達，河流東註，□蜓若長虹。自隋煬帝浚永濟渠，唐宋以来，率資以濟運。城西附郭至德勝關，闤闠櫛比，盈盈衣帶，南北相望，爲往来孔道，迄明代益繁。考縣志，德勝關舊有橋，始架木爲之，明正統間，易以石，疏五洞，通舟楫。嘉□初元，於北首擴石洞。二三十四年，大加修飭，遂成九洞。公濟橋，縣志不詳創自何時，考舊碑，爲乾隆五十三年重修。首尾銜接，長橋卧波，儼合爲一。然則前代官斯土者，爲地方謀，亦可謂良工心苦矣。此橋由□而南，復折西南，將近百武，通用長石砌成，環以石欄，堅實整飭，輪蹄絡繹，行旅稱便。民國五年正月二十九日，舊俗扮劇賽會，道經此橋，觀者雲集，石欄崩陷，墮者傷斃。同人目擊惻然，因議重修。醵資庀材，命□鳩工，閱半歲功竣。是役也，官紳商民共捐錢七百餘緡，所費稱是。經始於五月，蕆事於十月，適值古人成梁之會。同人等不敢以爲功，冀補未及先事之憾，庶所謂"失之東隅，收之桑榆"者。嗚呼！前事不忘，後□□師。共和告成，地方自治之範圍，擴之愈寬，研之愈密。生養保聚，所以爲閭里百年計者，固大有事在。恢弘志氣，而勿爲意見之争，其以斯役爲發軔之始焉，可也。

清賜進士出身河南教育司司長李時燦撰文。

汲縣知事樊捐錢壹百千文，汲五鹽總局捐錢伍拾千□，商務會捐錢貳拾千文，天主堂捐錢貳拾千文，基督教堂捐錢拾肆千文。公款局、正義堂李、據德堂何、和致祥堂王、吉星照，以上各捐錢拾千文。葛理諒捐大洋叁元。天順坊、玉盛奎、永源坊、和陞坊、天成坊、玉盛厚、同慶源，以上各捐錢捌千文。張連山、蓋長興、意興號、□祥盛、恒升永、福興久、祥盛永、振興恒、雲興魁、德裕眼鏡、李自俊、天興合、張□館、正清和、祥記、正興號、屏記、永昶源、復茂公，以上各捐錢伍千文。吕公堂吊橋共捐錢八千五百五十文。祥盛禮、福順寬、豫泰隆、陳善行、寧静堂陳，以上各捐錢四千文。李自和、□立堂計、祐源恒、東文興、賈三□、振華隆、普興工廠、雙和號、俊泰號、謙益恒、義盛發、協盛玉、全盛和、孫廷璧、張廉泉、劉長泰、慶盛和、貽安堂高、太和長、萬時俊，以上各捐錢三千文。李馥堂、協德堂楊、駿記、德慶成、文會房、全香樓、協興號、義利信、萬記、和記、任祥裕、麗生祥、益隆號、李變堂、張養源、德盛公、中恒德、玉記、源成遠、寶長隆、恒德昌、張集賢、勤儉堂朱、豫昌宏、高遜甫、慶餘堂秦、李雲鵬、太和堂、天興成、瑞記、鎮記、任召棠、婁通興、徐公館、同盛合、李敏秋、李壽汧、馬國葆、尚子俊、萬福永、張榮光、徐同興、同和居、馬營糧行，以上各捐錢貳千文。雙盛店、大盛店、恒德茂、謙益永、裕興合、桐茂慶、復茂興、春茂源、泰山茂、豫興榮、德興福、楊耄儀、三盛店、長盛和、豫興號，以上各捐錢一千五百文。樹德堂余、富順典、億德昌、太□盛、吉星成、自興成、元興永、趙炳章、寶玉恒、常仁、振興號、明德號、福元號、雲興號、義合祥、元興永、振興合、鉤興號、

泰順成、恒聚隆、金壽山、清雲閣、恒昌號、同興堂、振興永、復順永、天興染房、錦成長、崇德堂、沈德葆、王金堂、同興號、程公館、滿隆盛、恩浦堂高、俊亨號、祥裕永、崔禄、楊公館、秉義堂、原公館、張安全、張錦堂、三和成、慎德堂王、祥昇元、劉吉麟、太興號、福興號、太興號、福興恒、一品齋、郭守成、協盛號、東山堂謝、沈公館、長興隆、姚公館、丁起恒、延令堂、王盛公、恒復茂、益泰板店、玉盛昶、自力成、曹冕卿、孫學恩、傅玉、寬升堂、文盛同、文香號、衛生堂、慶玉成、義盛長、茂記、三義成、聚豐恒、德成永、同泰號、文盛合、同仁和、趙華庭、榮興長、潘鐘鈴、萬和樓、潘向春、郭含青、萬盛合、雙興成、晋秋堂、馥盛堂、王漢、郭玉魁、胡義盛、潘樹藩、金鐘樓、和盛永、金盛和、金盛永、平心居、同義居、鴻記、素飯鋪焦、會仙園，以上各捐錢一千文。

徐寶慶、趙德成、謙興長、同□號、萬亭通、金硯田、泰和永、泰極堂、人和堂、萬盛恒、岐源永、林盛和、福元恒、三義同、□興永、鑒興恒、興記、秦培秀、復太通、鴻德堂、同春堂、源和板店、三合板店、源興樓、復慶永、永和公、元盛恒、復生堂、順興樓、太和成，以上各捐錢伍百文。三興公捐錢捌百文。永義成捐錢柒百文。南站義記、豫順公、太極元、三和永、安泰東、同升號、安樂永、□順號、和順號、和順恒、義合成、順記、德合裕、袁聚□、□順永，以上各捐錢柒拾元。

發啟人：趙文模、李雲鵬、張玉鏡、李融春、計畏三、王濤、郭清杰、李昕燦、侯際清、吉星照、高鑫、張盡善、何橒、高錚、高孝垣、張好仁、王寶善、張向化、蓋金章、張文成、傅其恒、劉殿元、焦華齡、裴珩、彌慎德、郭玉魁、馬國□、郭含青。

督工：張憲文、張向化、彌慎德、李雲鵬、王寶善。書丹：計敬之、楊玉潔。

大中華民國陸年歲次丁巳孟夏下澣。

《重修德勝關大石橋碑記》拓片局部

清太學生軼堂李公沒恩碑

先生之風山高水長窃於軼堂李公而有取焉 公諱彥超軼堂乃其字也世居宜西北偏之南張村清時榮入成均生即面貌奇特弗類尋常又長有幹濟之才倜儻不羈舉止卓越恒踐盛年逝涉豪俠氣習晚則斂華就實隆契柱下知守之意所語年高德卲者是也嘗不糊塗於大事解紛排難閫有古人之風致民國初閭邑匪猖獗 公首善保甲里人顧其門曰保障一方邑明廷張令耳其盛曾以道德家風旌之誠重公也已癸丑大無麥禾 公同有積者相指周粟村貧賴以舉火者甚夥尤競競焉以水利人倡開後河渠道此其彰明較著者也夫故李之人品每弗謀一詠述 公其為人不亦渴世之翩翩者乎其型家有道故弟彥明公亦光明磊落而品望見重於桑梓今翳翰章堂棣播馥於盍克家子既喜為箕裘足徵父良於弓冶者也且又之蘭既秀堂階 公之家聲丕振其食報殆未有艾矣 公王樓是賦騎鯨有年閭閻感慕弗設才擬為覘山之志昔黃絹幼婦外孫齏臼固無能文也敢子貢碑之不朽云爾

新邑庠生王斑撰文

邑庠生李浩書丹

民國六年陽月 穀旦

637. 清太學生軼堂李公没思碑

立石年代：民國六年（1917年）
原石尺寸：高160厘米，寬61厘米
石存地點：洛陽市宜陽縣鹽鎮鄉張村

清太學生軼堂李公没思碑

先生之風，山高水長，窃于軼堂李公，而有取焉。公諱彦超，軼堂乃其字也，世居宜西北偏之南張村。清時榮入成均生，即面貌奇特，弗類尋常。及長，有幹濟之才，倜儻不羈，舉止卓越。恒蹊盛年，迹涉豪俠氣習。晚則斂華就實，陰契柱下，知守之意，所語年高德邵者是也。嘗不糊塗於大事，解紛排難，頗有古人之風致。民國初間，逆匪猖獗，公首善保甲，里人額其門曰：保障一方。邑明廷張令耳其盛，曾以道德家風旌之，誠重公也已。癸丑，大無麥禾，公同有積者，相指囷周粟，村貧賴以舉火者甚夥。尤競競焉以水利利人，倡開後河渠道，此其彰明較著者也。夫叔季之人品，每弗堪一論迹，公其爲人，不亦濁世之翩然者乎？其型家有道，故弟彦明公亦光明磊落，而品望見重於桑梓，令器翰章，堂構播穫，幹蠱克家。子既善爲箕裘，足徵父良於弓冶者也。且芝蘭競秀堂階，公之家聲丕振，其食報殆未有艾矣。公玉樓是賦，騎鯨有年，閭閈感慕，弗諼群擬，爲峴山之志。若黄絹幼婦，外孫薤臼，固無能文也。庶乎賈碑之不朽云爾。

新邑庠生王珽撰文。邑庠生李浩書丹。

□□董丕顯、□□趙品三、□□芮清溪、郜玉珍、孫金柄、王德明、王松年、謝發科、謝朝元、段名声、監□艾金星、郜玉太、李書印、孫逢岐、□□王浦、張玉奇、□□李冠軍、□□田玉尺、邢永福、□生常致中、□□張鳳彩、芮之建、焦同周、李永貞、吕夢庚、祁萬春、刘東都、王金波、張永福、趙卓、馬喜駷、董榮国、□生楊建塘、裴泮、吴湛、吴炳、李克敬、孫永玉、孫守城、吕清漣、壽官李体仁、李宗林、吴良、吴東海、□□張臨川、□□高文林、孫鳳樓、趙炳、張鳳魁、趙鴻勛、吕清芝、王定一、潘清太、刘中信、王賓、孫金甲、苗發貴、李榮池、□□習培松、潘同文、□□習培亮、習培榮、習培仁、習培正、習培連、習培釗、習培信、習培世、□□李明仁、柳芳、習元戎、習元平、習元霄、習元順、車生才、席正名、席正道、李平仁、寧宗文、王天一、席位福、柳天河、席金□、馬書聲、吴西川、孫鳳翰、孫金□、太順通、張百魁、賀士彦。

石工：韓秋興。

民國六年小陽月穀旦。

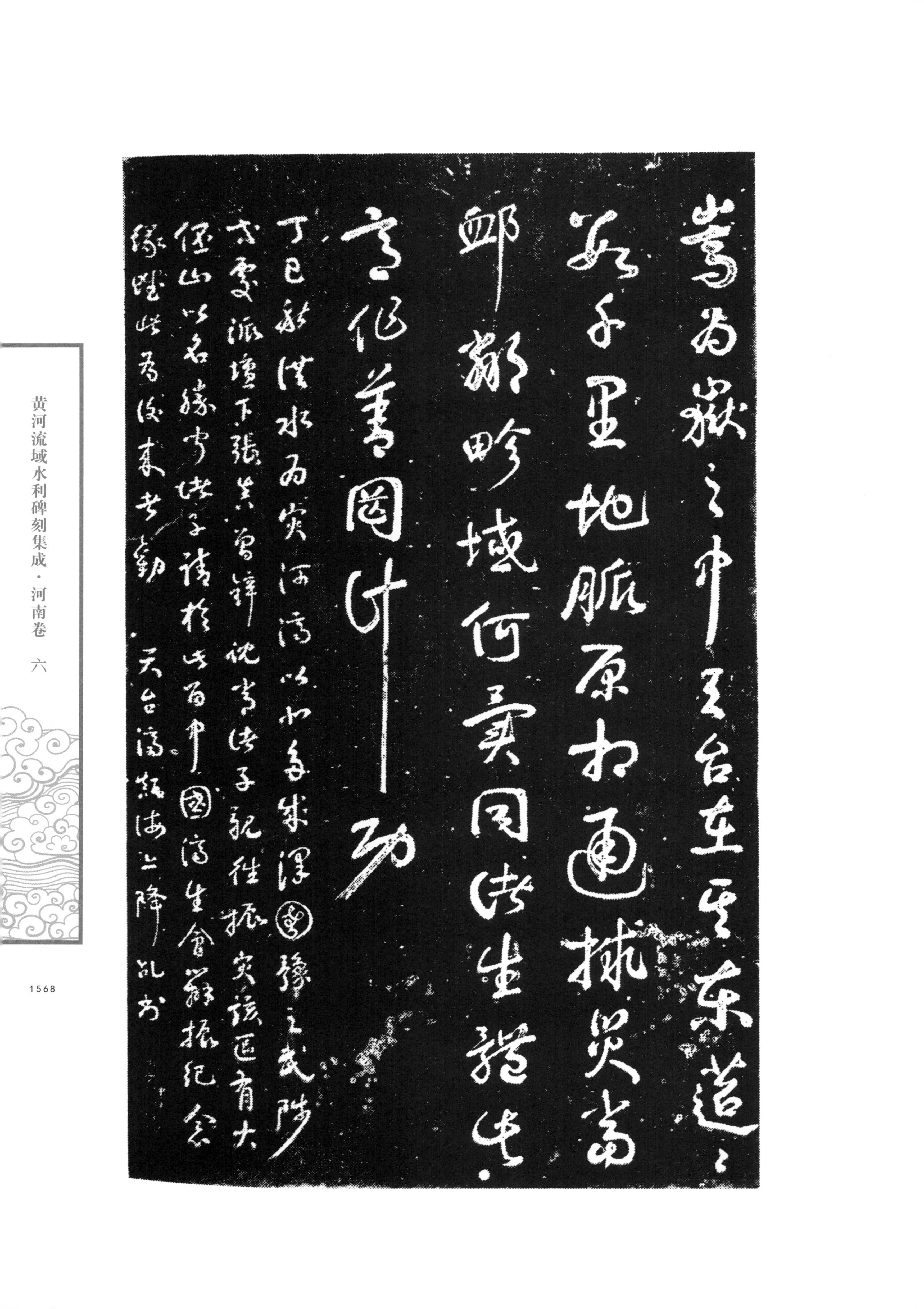

638. 救灾紀念詩碑

立石年代：民國六年（1917 年）

原石尺寸：高 171 厘米，寬 108 厘米

石存地點：鶴壁市浚縣大伾山霞隱山莊

嵩爲嶽之中，天台在其東。

迢迢數千里，地脉原相通。

救灾當恤鄰，畛域何异同。

諸生體此意，作善罔計功。

丁巳秋洪水爲灾，河濟以北多成澤國。豫之武陟等處派壇下張真、曾鋅、沈常諸子親往振灾。該區有大伾山，以名勝聞。諸子請於此留中國濟生會辦振紀念。緣賦此爲後來者勸。

天台濟顛海上降乩书。弟子伊任、金宣侍筆。

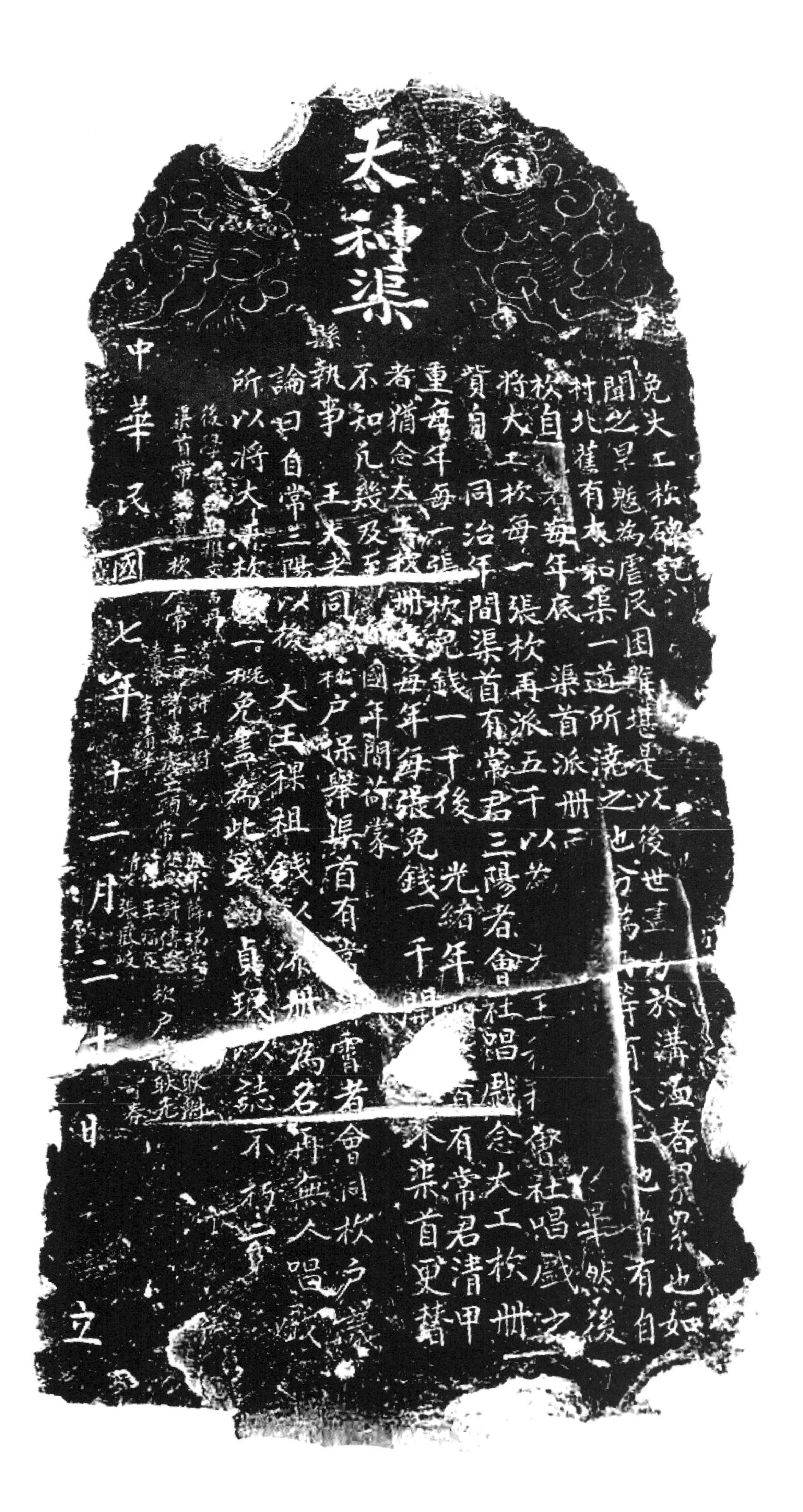
太神渠
中華民國七年十二月二十日立

639. 太和渠免大工杴碑記

立石年代：民國七年（1918 年）
原石尺寸：高 100 厘米，寬 44 厘米
石存地點：洛陽市伊濱區諸葛鎮司馬村常氏宗祠

〔碑額〕：太和渠

免大工杴碑記

聞之旱魃爲虐，民困难堪，是以後世盡力於溝洫者累累也。如村北舊有太和渠一道，所澆之地分爲□等有□，□地者有自杴自□者，每年底，渠首派册……

以畢，然後將大工杴每一張杴再派五千，以爲大王□□，會社唱戲之資。自同治年間，渠首有常君三陽者，會社唱戲，念大工杴册重，每年每一張杴免錢一千。後光緒年間，□首有常君清甲者，猶念大工杴册□，每年每張杴免錢一千。開□□來，渠首更替不知凡幾。及至□國年間，荷蒙縣執事王大老同□，社户保舉，渠首有常□霄者，會同杴户議論曰：自常三陽以後，大王稞租錢以□册爲名，再無人唱戲，所以將大□杴□，一概免盡。爲此爰□貞珉，以誌不朽云。

後學□□□撰文書丹。

渠首常□霄。杴户：常清林、常三□、常清源、許玉樹、常萬□、李清華。工頭：常鳳□、常□□、常清□、常清□、薛瑞堂、許傳□、王福定、張鳳岐。杴户：常耿魁、常耿先、常奇春。

中華民國七年十二月二十日立。

清例授修職郎誥贈中憲大夫歲貢生候選儒學訓導謝老夫子　德教碑

夫子諱鴻昇字儀亭鐵謝人優廪膳生二甲榮公之子幼承庭訓才識明爽弱冠後益致力於學問雈簏六籍網羅百氏學辨品藻有先正遺風焉性純穆不干利祿隱居授徒以待後之學者其誨人也重道德而敦品行先器識而後文藝循循善誘嚴寒酷暑無倦色遇門徒之貧寒者並藥餌膏火不受束修蓋存樂育之心入人深矣其蓄道德能文章氣得韓蘇理研程朱所以造其門者入泮宮食廪餼掇巍科門牆桃李蔚為時彥學者所謂受研於大匠之門雕刻於良工之手也中年後奔贊河工勇猛公益三十餘年間里鄉黨之蒙恩受惠者非此皆是天同治癸酉黃河氾濫浸淵田廬無算遺黎之征催為一方受困哉

夫子伏闕籲請奉旨優免而民困蘇蓋積德累仁有素也其丈夫子寅亮以詩禮家庭清華器宇叠登宣統己酉科考職一等分發江蘇奉調太原民國四年即署衛輝府土北河務分府四年保免為僉職己未調正奉部令署理陳蘭河務分局局長循良之聲嘖嘖稱眾口家學淵源所由來也門人等久沐教澤追念弗忘來序於余

夫子係族叔也知之最悉謹按實錄以序

前湖北監利縣縣丞黃水利廳族侄賢舉拜撰

增廣生員　姻晚　雷逢春敬書

門徒　敬立

民國八年己未二月　穀旦

640. 谢鴻昇德教碑

立石年代：民國八年（1919 年）
原石尺寸：高 160 厘米，寬 62 厘米
石存地點：洛陽市孟津區漢光武帝陵

清例授修職郎誥贈中憲大夫歲貢生候選儒學訓導謝老夫子德教碑

夫子諱鴻昇，字儀可，鐵謝人。優廩膳生甲榮公之子。幼承庭訓，才識明爽，弱冠後益致力於學問，筐篋六籍，網羅百氏，學粹品端，有先正遺風焉。性純穆，不干利禄，隱居授徒，以待後之學者。其誨人也，重道德而敦品行，先器識而後文藝，循循善誘，嚴寒酷暑無倦色。遇門徒之貧寒者，并樂教育，不受束修。蓋厚澤之入人深矣。其蓄道德，能文章，氣得韓蘇，理研程朱。所以游其門者入泮宫，食廩餼，掇巍科，門墻桃李，蔚爲時彦，率皆純品。所謂受硎於大匠之間，雕刻於良工之手也。中年後奔贊河工，負擔公益三十餘年，閭里鄉黨之蒙恩受惠者比比皆是。又同治癸酉，黄河南浸，塌田廬無算，遺糧之征催爲一方重困。我夫子伏闕籲請，奉旨優免，而民困蘇。盖積德累仁，蓄之有素也。其丈夫子寅亮，以詩禮家庭，清華器宇，於宣統己酉科考職一等，分□江蘇，奉調太原。民國回籍，即署衛輝府上北河務分府四年，保免薦任職。己未新正，奉部令署理陳蘭河務分局局長，循良之聲嘖稱衆口，家學淵源所由來也。門人等久沐教澤，迄今弗忘，求序於余。

前湖北監利縣丞兼水利廳族侄賢舉拜撰。

增寬生員姻晚雷逢春敬書。

門徒：□□梁炳星、□□謝同議、□□府學□鄰芳、選用管句廳謝炳耀、貢生謝憲章、□西西鄉縣石堂謝耀□、庠生謝近光、監生□□□、已故門徒江蘇蒲縣謝蘭軒、監生謝□鐸、謝傑道、監生謝榮晋、謝□□、雷寬照、監生謝清道、監生王學賢、謝漢章、山東濟南道謝錦甲、□重□、郭景泰、謝文學、監生□景富、謝家蘭、潘崇德、謝道德、謝□中、庠生孟瀛仙、謝□寅、謝□道、謝慧□、謝廷□、謝建章、謝經邦、謝鵬道、董發源、貢生謝同仁、謝修□、謝誠肅、謝根道、謝五魁、謝廷林、畢業師範梁高超、謝廷梁、謝桐道、監生謝鶴壽、謝世傑、謝芝芳、謝作賓、謝好學、謝林茂、謝豐瑞、庠生郭星軫、監生謝耀堂。

門晚生：謝上賓、謝耀常、謝祥臣、謝都奎。

敬立。

中華民國八年己未二月穀旦。

641-1. 沁陽縣漕糧免耗減價紀念碑記（碑陽）

立石年代：民國八年（1919 年）
原石尺寸：高 180 厘米，寬 59 厘米
石存地點：焦作市博愛縣金城鄉史莊村東岳廟

〔碑額〕：漕粮紀念碑

謹將沁陽縣布告漕粮免耗減價暨牌示漕粮先發票後付費原文照録於左：

調署沁陽縣知事鍾爲出示布告事，照得現奉財政廳訓令轉奉省公署令，開准財政部咨據紳民人等陳請，准照陳留等縣，核減漕米□□將沁陽縣漕粮官□米□□均劃一折征。數目：每石征洋四元六角六分六厘九毫，如以前，有照每石五元罷清者，其溢完之數□□於次年抵還等因，到縣奉此查。漕耗免征前已布告兹□，奉到令飭應，即詳細示知，所有沁陽縣漕粮，自本年爲始，將官米、民米名目取銷。凡各花户名下應完漕米，不論官民，米每石折征洋四元六角六分六厘九毫，再按丁地總數匀攤。除去衛更地仍循舊例，不完漕米外，計丁地每一兩完米，一斗□升□合一勺九抄六撮，照四元六角六分六厘九毫折價，合洋六角四分四厘九毫四絲六忽九微。又首先溢完之數，准予退還。再花户完納丁漕，須憑執據。民國五年以前曾經刻有收據，嗣因各花户零星繳納，并未清領等諸，無□實不足以昭徵信，兹經本知事重訂舊章，刊刻手據，編明號次，漕米自本年始，丁地自九月，開征始，凡各户繳納粮洋，不論所繳若干，随時填明收據，掣交領收□截清總數，换付印票，以重正課而免弊弄合，亟布告。仰閤邑紳民、花户人等一體遵照，毋違。切切，特示。

中華民國八年十一月十八日。

調署沁陽縣知事鍾爲牌示事，案查漕米給發執照，係爲掃除積弊起見，於民國二、三年間曾經照行，嗣爲手續繁冗，漸就停辦，弊竇□免復生，兹經本邑士紳集議，請求仍照舊案辦理，應予照准。合行牌示周知，爲此示仰合邑社首、花户人等，一體知悉，嗣後凡完納漕米，均須随時取給執照，每張出紙筆費錢二文，此外書役若再多索，或有未經□票即使出□□，准其随時□控，□即究懲不貸，其各遵照，勿違。特示。

中華民國八年十一月十八日。

清上二圖保衛團職員暨十五村村長姓名開列於左：

正團總史俊英，副團總孫登超，文牘史彬卿，書□史殿勳。

史庄村長：史運昌、孫泮儒。西金城村長：成千輔、成千俊。西馬營村長：周永豐。東碑村長：張貴官、張永博。南庄村長：劉克立、孫家棟。西邱村村長：樊有文、牛華雨。封庄村長：封學儉、封學貴。廟後村村長：王永福。東金城村長：孫金麟、孫有年。東馬營村長：張起俊。西碑村長：李俊峰、王德順。王保村長：王廷輝、王成蒼。南邱村村長：孫九合、史俊仁。東邱村村長：王允中、閆春和。禹庄村長：禹永安。

程賢籍圖：程硯田、程德泰。

永垂不朽

641-2. 沁陽縣漕糧免耗減價紀念碑記（碑陰）

立石年代：民國九年（1920 年）
原石尺寸：高 180 厘米，寬 59 厘米
石存地點：焦作市博愛縣金城鄉史莊村東岳廟

〔碑額〕：永垂不朽

沁陽縣漕糧免耗減價紀念碑記

維中華民國八年己未夏正秋九月，沁糟耗價紛糾告解決，甚幸事也。不佞滋霖宗綰竊幸其成，爰以入告鄉人焉。而鄉國父老相與咨嗟嘆息曰：斯役也，事巨功艱，宜勒碑彰厥有功者。吁！鄉人之意韙矣，鄉人所以爲鄉人之意，吾儕未敢從同焉。樹紀念碑，豈徒表功云乎哉？吾儕意别有在也。事雖竣，而本源木清，曲蓺之滋，細流之濫至足虞焉。譬之醫疾，攻其毒而不絶其根，未可也；治其標而不培其元，未可也。今日免耗減價猶之毒攻矣，標治矣，然非根本之圖也。抑何功之足誇而矜炫於石耶？恢復原來糟價，免除偏累負擔，其庶幾乎？若以區區耗價減免爲己足自畫而安焉，不求□進典無漕，縣人民享平權是惰來者之志，未嘗非吾儕有初鮮終之過所致。由斯言之，鄉人欲表吾儕功者，曷若期以免吾儕之過之爲愈耶？或曰，漕粮收入，關係國用，賦税之重由來久矣，減之復求減，其如國計不裕，難償民願，何然？共和貴平等，負擔貴劃一同屬豫人焉，彼也無漕，我也有漕，胡爲乎偏頗若是其甚耶？平均計劃□之，乃吾儕未竟之志，心餘力竭，所戚戚而難安者也。深望後之碩彦，克竟吾儕未竟之志，□因之功斯愈顯矣，豈徒表功云耳哉。雖然，莫爲之先，□美弗彰；莫爲之後，雖彰弗遠。徇鄉人之意，勒諸貞珉，與吾邑平漕始末，記永矢不墜，庶使後之覽者，知□興感□。□吾□漕耗□□豁免□□石折□□□圓□減而□四元六角六分六厘九毫矣，查沁漕一萬零八百七十五石三斗九升，其實征總額也，按丁地銀兩匀攤，原有□地□□□□□四百……五十九兩七錢八分二厘，免名地銀二十九兩六錢七分七厘。仍循慣例，不攤漕粮外，攤漕丁地銀兩□萬……焉□□一斗三升□合一勺九抄六撮，依官民米平均劃一，每石折價計算合洋六角四刀……四年共減洋一萬二千四百餘元，此紀念中重要當記者也。至若盡力漕案者，現邑侯鍾公良卿功足……亦堪□最，賀衆孚、王伊文、鄧錫臣、賀鏡、吾鄉先生次之，又有隱相贊助者張慶甫、王縵卿、史子□□□□諸……竊附焉。鄉人僉謀立碑之義，□命爲文，以記其實。辭不獲已，爰率而忝觚，書以歸之，鄉里君子不忘勒碑之□□庶□□于石□□□□□爲記。

河南省議會議員畢滋□、楊宗綰撰文，前河南省議會秘書河南育才館畢業史景卿書丹。

清上二國十五村附程賢籍圖同立。

卜昌屈世綱鎸字。

中華民國九年五月十五日。

〔注〕：此碑爲民國八年《沁陽縣漕糧免耗減價紀念碑記》碑陰補刻之碑，説明了沁陽縣漕粮免耗減價糾紛一事的後續。

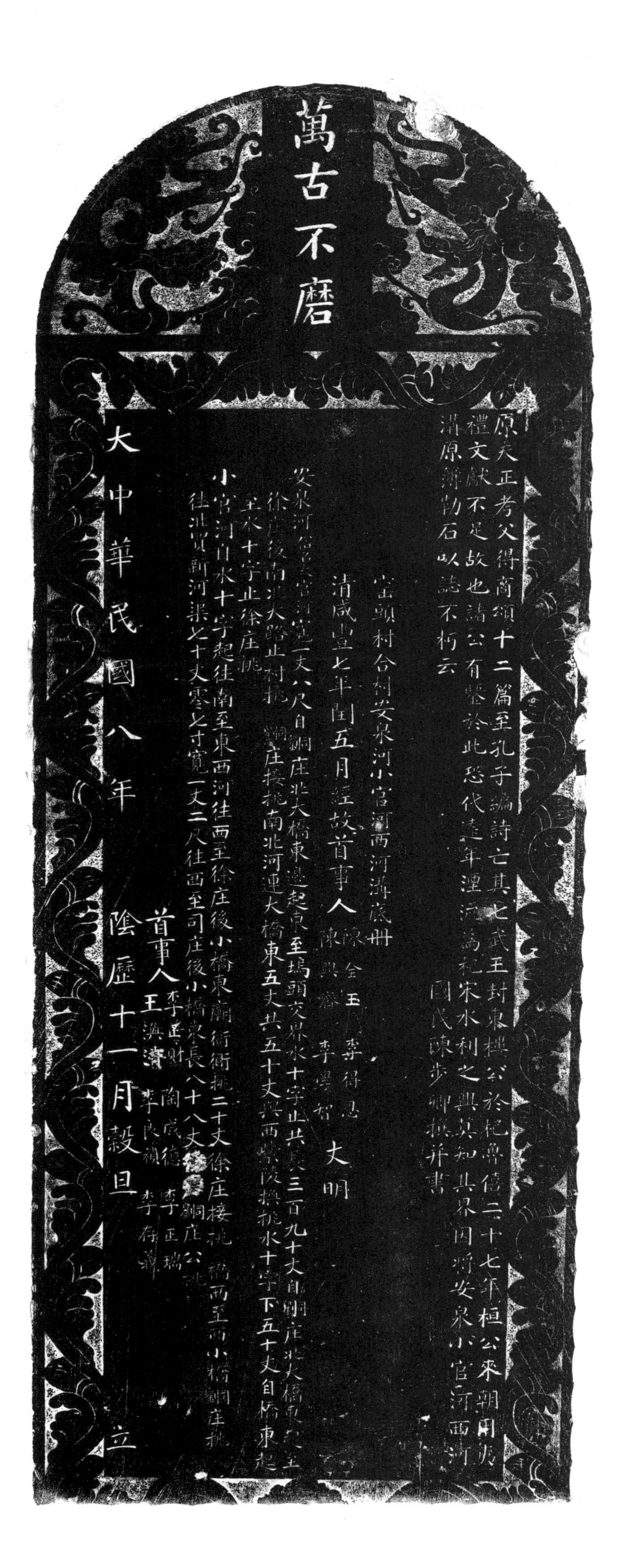
萬古不磨

原夫正考父得商頌十二篇至孔子編詩亡其七武王封東樓公於杞魯僖二十七年桓公來朝用夷禮文獻不足故也請公有鑒於此恐代遠年湮河爲杞宋水利之興莫知其界因將安泉小官河西河淸原辦勒石以誌不朽云　國民陳步卿撰并書

宮頭村合村安泉河小官河西河溝底冊

清咸豐七年閏五月經故首事人　陳全玉　李得息　陳興隆　李興智　大明

安泉河[illegible]寬一丈八尺自銅庄北大橋東邊起東至塢頭交界水十字止共長三百九十丈自銅庄北大橋東[illegible]起徐庄後南北大路止村挑銅庄接挑南北河連大橋東五丈共五十丈與西紫陵換挑水十字下五十丈自橋東起至水十字止徐庄挑

小官河自水十字起往南至東西河往西至徐庄後小橋東廟衙衙挑二十丈徐庄接挑橋西至西小橋銅庄挑往北貫新河渠七十丈零七寸寬一丈二尺往西至司庄後小橋東長八十八丈[illegible]銅庄公挑

首事人　李正財　王渙濟　陶成德　李良禎　李正瑞　李存義

大中華民國八年　陰歷十一月穀旦　立

642-1. 窑頭村合村安泉河小官河西河溝底册（碑陽）

立石年代：民國八年（1919 年）
原石尺寸：高 130 厘米，寬 50 厘米
石存地點：焦作市沁陽市紫陵鎮東莊村李氏祠堂

〔碑額〕：萬古不磨

原夫正考父得《商頌》十二篇，至孔子編《詩》亡其七。武王封東樓公於杞，魯僖二十七年，桓公來朝，用夷禮。文獻不足故也。諸公有鑒於此，恐代遠年湮，流爲杞宋，水利之興，莫知其界。因將安泉、小官河、西河溝原簿勒石以誌不朽云。

國民陳步卿撰并書。

窑頭村合村安泉河小官河西河溝底册。

清咸豐七年閏五月，經故首事人陳全玉、陳興濟、李得恩、李學智丈明：

安泉河俗名大官河，寬一丈八尺，自司劉庄北大橋東邊起，東至塢頭交界水十字止，共長三百九十丈。自司劉庄北大橋東起至徐庄後南北大路止，村挑。司劉庄接挑南北河連大橋東五丈，共五十丈。與西紫陵換挑水十字下五十丈。自橋東起至水十字止，徐庄挑。

小官河自水十字起往南至東西河，往西至徐庄後小橋東廟�衚，挑二十丈，徐庄接挑。橋西至西小橋，司劉庄挑。往北買新河渠七十丈零七寸，寬一丈二尺，往西至司庄後小橋東，長八十八丈□尺，司劉庄公挑。

首事人：李正財、陶成德、李正瑞、王渙濟、李良禎、李存義。

大中華民國八年陰曆十一月穀旦立。

永垂不朽

石工黄克良镌

642-2. 窑頭村合村安泉河小官河西河溝底册（碑陰）

立石年代：民國八年（1919 年）
原石尺寸：高 130 厘米，寬 50 厘米
石存地點：焦作市沁陽市紫陵鎮東莊村李氏祠堂

〔碑額〕：永垂不朽

司庄正後一垅長一百零三丈，東至司庄東南北大路，西至祖師庙南北大路止。司庄西一垅長一百零貳丈五尺，東至祖師庙南北大路。

帝廟西河溝、新河两河係村挑。西河溝南北新河長三百三十二丈，南至村西老堤河濟交界碑，北至新小官河西頭，村挑。

立賣契人李魁長因正用不便，今將自己北泝稻地一段：計下地八分二厘三毫三系一乎六□，係南北畛，東北二至長，南至馮全順，西至東西畛頂頭，四至分明。情願出賣與刘司社爲業，同牙中言明，共價錢拾四千八百廿文，當下錢地兩交買主。管業税契糧在賣主名下收取。恐口無憑，立賣契爲證。

中華民國八年五月二十四日。

中長一百四十一步零七寸，中闊一步二尺。

后批準賣主撩邊。

立賣契人：李魁長。

同首事中人：李存義、李存業、任永良、王渙濟、王士梅、馮希忠、任法祥、孟本剛、司兆興、馬克勤。

立换河議約：西紫陵，東窑頭村。首事人等因两村之界舊有安泉河渠，旱則渚田，潦則利水，彼此挑河歷有年所。第近紫陵者屬窑頭河近，窑頭者屬紫陵河挖挑，多有不便。两村首事邀塢頭首事説合，同立議約，紫陵换挑窑頭西幅工下五十丈，窑頭换挑紫陵渠五十丈。從水十字起至塢頭河止，自换之後，彼此立界，名無异説。恐日後反覆蒙混，两村同立議約存證。

同治十一年六月十九日。

立换河議約西紫陵村、東窑頭村首事同具。

同中人：武天長、武天浩、武心清。

西紫陵村：郭玉杰、郭合寶、李本立。

東窑頭村：李存典、王洪□、李奎名、李得書、徐萬禮、司全林、宋守剛。

南灘學田地一段，西至南岸石婆廟，東至大王廟，北岸東至徐元斗，北至租地，地有石界。

石工黄克良鎸。

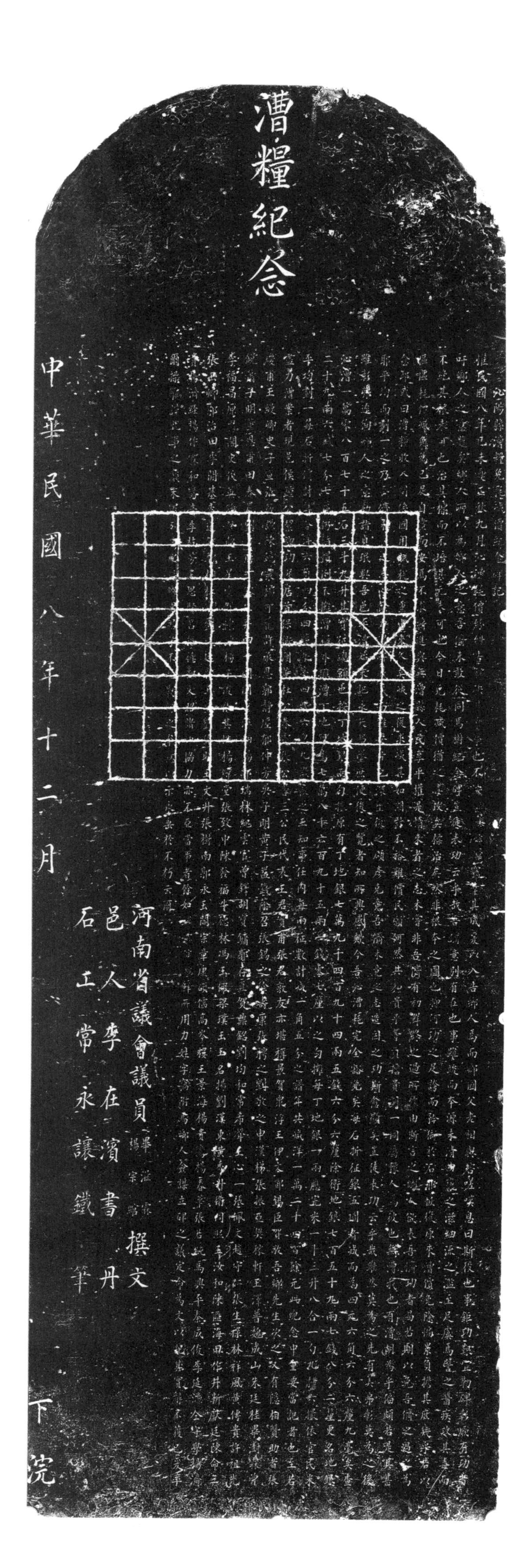
漕糧紀念
河南省議會議員 撰文
邑人李在濱書丹
石工常永讓鐫筆
中華民國八年十二月
下完

643. 沁陽縣漕糧減價紀念碑記

立石年代：民國八年（1919 年）
原石尺寸：高 225 厘米，寬 74 厘米
石存地點：焦作市沁陽市博物館

〔碑額〕：漕糧紀念

沁陽縣漕糧免耗減價紀念碑記

惟民國八年己未夏正秋九月，沁漕耗價紛糾告解决，甚幸事也。不□滋霖、宗綰竊幸其成，爰以入告鄉人焉。而鄉國父老相與咨嗟嘆息曰："斯役也，事巨功艱，宜勒碑彰厥有功者。"吁！鄉人之意韙矣。鄉人所以爲鄉人之意，吾儕未敢從同焉，樹紀念碑豈徒表功云乎哉？吾儕意別有在也。事雖竣而本源未清，曲□之滋，細流之濫，至足虞焉。譬之醫疾，攻其毒而不絶其根，未可也；治其標而不培其元，未可也。今日免耗減價，猶之毒攻矣，標治矣，然非根本之圖也。抑何功之足誇而矜衒於石耶？恢復原來漕價，免除偏累負擔，其庶幾乎。若以區區耗價減免爲已足，自畫而安焉，不求漸進，與無漕縣人民享平權，是惰來者之志。未嘗非吾儕有初鮮終之過所致。由斯言之，鄉人欲表吾儕功者，曷若期以免吾儕之過之爲愈耶。或曰："漕糧收入關係國用，賦税之重□來久矣，減之復求減，其如國計不裕，難償民願何？"然共和貴平等，負擔貴劃一。同屬豫人焉，彼也無漕，我也有漕，胡爲乎偏頗若是其甚耶。平均而劃一之，乃吾儕□□之志心，餘力……而難□者也。深望後之碩彦克竟吾儕未竟之志，造因之功斯愈顯矣，豈徒表功云乎哉。雖然，莫爲之先，有美弗彰；莫爲之後，雖彰弗遠。徇鄉人之意，勒諸貞珉，與吾邑平漕始末，記永矢弗墜，庶使後之覽者知所興感歟。今吾沁漕耗完全豁免矣，每石折征銀五圓者減而爲四元六角六分六釐九毫矣。查沁漕一萬零八百七十五石三斗九升，其實征總額也。按丁地銀兩匀攤，原有丁地銀七萬九千四百九十四兩五錢六分六釐，除衛地銀七百五十九兩七錢八分二釐、更名地銀二十九兩六錢七分七釐仍循慣例不攤漕糧外，攤漕丁地銀爲七萬八千六百九十五兩一錢零七釐。以之匀攤每丁地銀一兩，應完米一斗三升八合一勺九□六撮。依官民米平均劃一，每石折價計算合洋六角四分四釐九毫四絲六忽九微，較之王知事任内每兩征數計減一角五分之譜，年共減洋一萬二千四百餘元。此紀念中重要當記者也。至若盡力漕案者，現邑侯鐘公絜卿功足居首。保衛團董杜公春雲、張公略，三公民代表王君實甫、張君敦友亦堪稱最。賀衆浮、王伊文、鄧錫臣、賀敬吾，鄉先生次之。又有隱相贊助者張慶甫、王縵卿、史子宣、張筱謙、陳鏡衆、楊可龍、許承恩、郭静塵、郁仲芳、吴子明、黄子益、錢蔭召、張錫之、徐壽康、張聘之、劉敬之、申漢梯、張振亞、樊稼軒、王澤普、魏成山、朱廷桂、畢澍霖、曾锐、蕭子明、董恩甫、田春晨、劉……湯邦瑞、林紀雲、官曾鐸、胡寶鏞、郭存真、賀鼎銘、劉均和、常希聲、王心一、張佩文、趙守仁、張生禄、林祥風、黄傳貴、許祖光、李福昌、原鳳閣、史俊英、孫發起、王星堂、賀懷□、楊子俊、張其性、楊緯堂、張致中、陳發福、牛德林、馮玉佩、梁璞玉、王名揚、劉漢東、黄秀升、衛同照、王汝和、陳匯海、田作井、靳獻廷、陳命三、張玉卿、郭治田、李開基、李道□、□□、杜□□、劉□廷、□玉□、劉□□、王文升、張樹南、郭永玉、閻宗章、康碩儒、高岑樓、王景海、楊貴鸞、楊春華、張若純、馬興平、秦成俊、李延濂、仝守學、楊濟貴、楊濟經、楊作霖、和鸞奇、李乾芳、王思賢、吕振德、郜文昭，諸□協力，亦不亞當事者。餘如滋霖、宗綰，鮮所用力，姓字竊附焉。鄉人僉謀立碑之

議定，命爲文以記其實。辭不獲已，爰率爾操觚，謹就事之巔末羅列□之，□鄉里君子不忘勒碑之本意，以示永垂於不朽云爾。

河南省議會議員畢滋霖、楊宗綰撰文。

邑人李在濱書丹。

石工常永讓鐵筆。

中華民國八年十二月下浣。

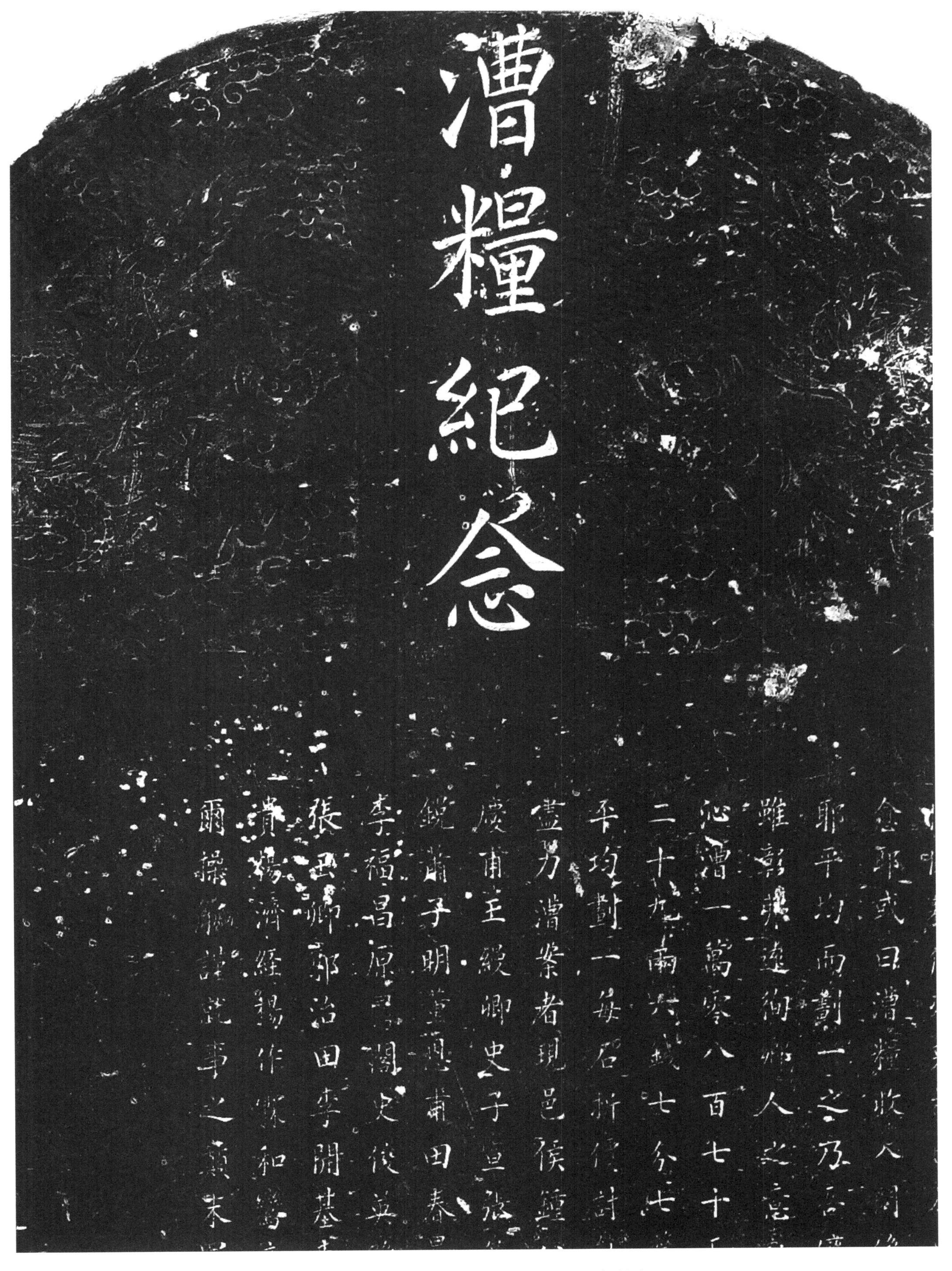

《沁陽縣漕糧減價紀念碑記》拓片局部

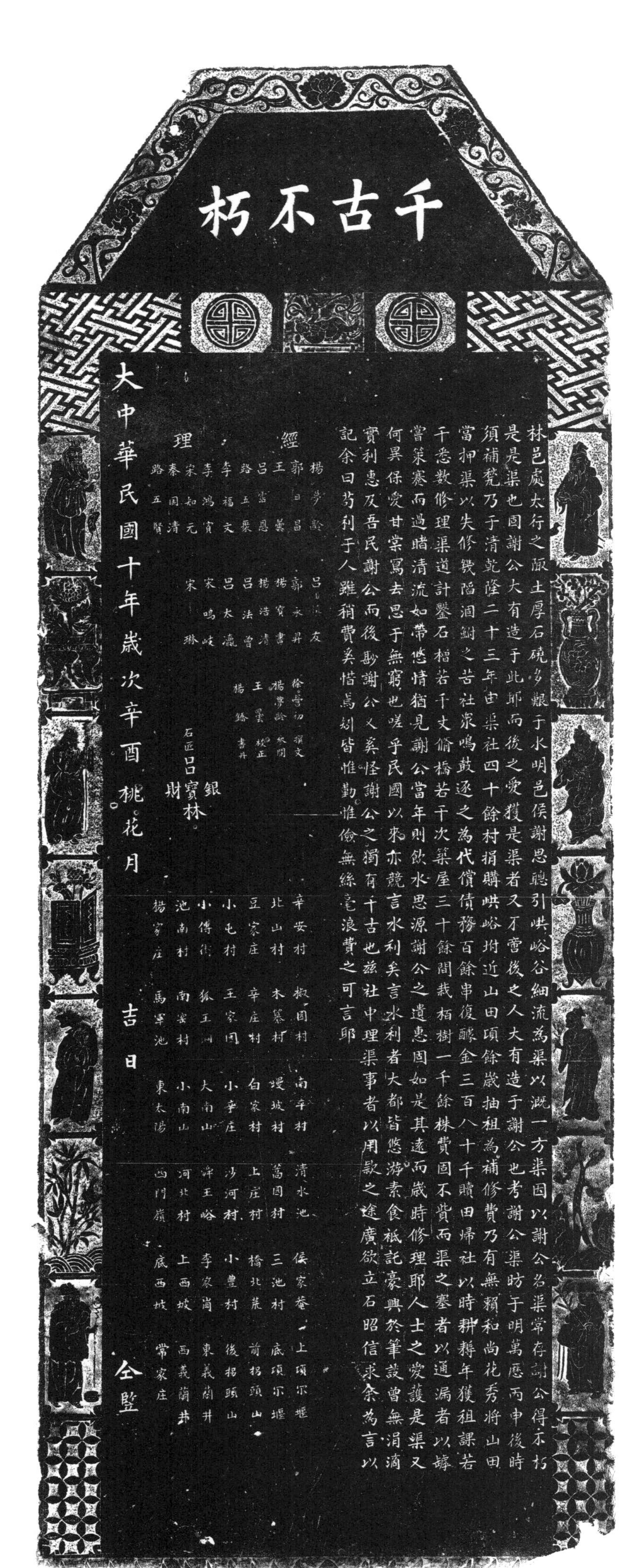

千古不朽

林邑處太行之麓，土厚石磽，多艱于水。明邑侯謝思聰引洪峪谷細流為渠以溉一方，渠因以謝公名。渠常存，謝公得不朽，是是渠也固謝公大有造于此耶，而後之愛獲是渠者又不啻後之人大有造于謝公也。考謝公渠昉于明萬歷丙申，後時須補葺，乃于清乾隆二十三年由渠社四十餘村捐購洪峪坿近山田頃餘，歲抽租為補修費。乃有無賴和尚花秀將山田當押，渠以失修，幾陷涸鮒之苦。社衆鳴鼓逐之，為代償債務百餘串，復醵金三百八十千贖田歸社，以時耕耨，年獲租課若干，悉數修理渠道，計鑿石槽若干丈，脩橋若干次，築屋三十餘間，栽栢樹一千餘株，費固不貲，而渠之塞者以通，漏者以罅。嘗築塞而過，睹清流如帶，悠情猶見謝公當年，則飲水思源，謝公之遺惠固如是其遠，而歲時修理耶人士之愛護是渠，又何異保愛甘棠、篤去思于無窮也。嗟乎！民國以來，亦競言水利矣，言水利者大都皆悠游素食，祗託豪興於筆談，曾無涓滴實利惠及吾民。謝公而後尠謝公，又奚怪謝公之獨有千古也。茲社中理渠事者以周歆之途廣，欲立石昭信，求余為言以記。余曰：苟利于人，雖稍費奚惜焉，矧皆惟勤惟儉，無絲毫浪費之可言耶。

經理：楊夢齡 郭日昌 王曇 呂富恩 路五聚 李福文 李鴻賓 宋知元 秦國清 路五賢 呂[illegible]友 郭永昇 楊寶書 楊浩清 呂法曾 呂太瀛 宋鳴岐 宋琳

徐嘗初撰文 楊夢齡參閱 王曇校正 楊鎔書丹

石匠 呂寶林 銀 財

辛安村 椒園村 南辛村 清水池 侯家菴 上項尔堰
北山村 木纂村 堤坡村 蒿園村 三池村 底項尔堰
豆家庄 辛庄村 白家村 上庄村 橋北莊 前拐頭山
小屯村 王家園 小辛庄 沙河村 小豊村 後拐頭山
小傳街 狐王洞 大南山 澇王峪 李家崗 東義蘭井
池南村 南窑村 小南山 河北村 上西坡 西義蘭井
楊家庄 馬軍池 東太陽 西門嶺 底西坡 常家庄

大中華民國十年歲次辛酉桃花月 吉日 仝竖

644. 重修謝公渠碑記

立石年代：民國十年（1921 年）
原石尺寸：高 173 厘米，寬 63 厘米
石存地點：安陽市林州市合澗鎮洪谷山謝公祠

〔碑額〕：千古不朽

林邑處太行之陬，土厚石磽，多艱于水。明邑侯謝思聰引峡峪谷細流爲渠，以溉一方。渠因以謝公名。渠常存，謝公得不朽。是是渠也，固謝公大有造于此耶，而後之愛獲是渠者，又不啻後之人大有造于謝公也。考謝公渠，昉于明萬曆丙申，後時須補葺。乃于清乾隆二十三年，由渠社四十餘村捐購峡峪附近山田頃餘，歲抽租爲補修費。乃有無賴和尚花秀將山田當押，渠以失修，幾陷涸鮒之苦。社衆鳴鼓逐之。爲代償債務百餘串，復醵金三百八十千，贖田歸社，以時耕耨，年獲租課若干，悉数修理渠道。計鑿石櫓若千丈，修橋若干次，築屋三十餘間、栽柏樹一千餘株。費固不資，而渠之塞者以通，漏者以罅。嘗策蹇而過，睹清流如帶，悠情猶見謝公當年，則飲水思源，謝公之遺惠，固如是其遠。而歲時修理耶，人士之愛護是渠，又何异保愛甘棠寫去思于無窮也。嗟乎！民國以來，亦競言水利矣。言水利者，大都皆悠游素食，衹託豪興於筆端談，曾無涓滴實利惠及吾民。謝公而後尠謝公，又奚怪謝公之獨有千古也。兹社中理渠事者，以用款之途寛，欲立石昭信，求余爲言以記。余曰：苟利于人，雖稍費奚惜焉，矧皆惟勤惟儉，無絲毫浪費之可言耶。

徐營初撰文，楊夢齡參閲，王曇校正，楊鐈書丹。

經理：楊夢齡、郭日昌、王曇、吕霑恩、路五聚、李福文、李鴻賓、宋知元、秦国清、路五賢、吕慎友、郭永昇、楊寶書、楊浩清、吕法曾、吕太瀛、宋鳴岐、宋琳。

石匠：吕寶林、吕銀林、吕財林。

辛安村、北山村、豆家莊、小屯村、小傅村、池南村、楊家莊、椒園村、木纂村、辛莊村、王家园、狐王村、南窑村、馬軍池、南平村、墁坡村、白家村、小辛莊、大南山、小南山、東太陽、清水池、蒿园村、上莊村、沙河村、舜王峪、河北村、西門嶺、侯家庵、三池村、橋北荒、小豐村、李家崗、上西坡、底西坡、上頃尔堰、底頃尔堰、前拐頭山、後拐頭山、東義蘭井、西義蘭井、常家莊。

大中華民國十年歲次辛酉桃花月吉日同竪。

明季龍潛溝白龍神張簡故里

龍之為靈昭昭也詳於易見於春秋雜記載百家之書要皆能霖雨蒼生慰望三農者也吾鄉[illegible]而神者也於有明萬歷初年誕
降斯土神生而穎異迥不猶人然幼年孤苦煢煢無依總角後傭遊淇南張村為宋公諱相傭工數載旋配其長女而為之婿靈跡異常噴
責人口限満之後雲從飛升若龍潛谷若淇河寺皆有專祠碑碣在在可考每值亢旱禱雨應捷桴鼓奈故土荒涼院宇無存殊為缺典不
有表揚千載下誰復能記憶者乎余自愧力微徒增感慨乃於民國辛酉首倡其事爰請鄰族好善諸公議立碑記僉曰此善舉也我輩甚
意已久於是糾合村衆量力捐資集腋成裘不數日而豐碑屹屹矣功成勒石求文於余余以為神功浩大其有蔭於一方者至鉅且遠茲
特述其巔末以誌原篇云爾

前清增廣生員　魚自治　常毓五撰并書
邑庠僑生　師範畢業　任愛棠參閱

此橋名白家橋
此谷名白家溝
地北名張家堰

大中華民國十年歲次辛酉小陽月中浣　穀旦

645. 明季龍潛溝白龍神張簡故里碑

立石年代：民國十年（1921 年）

原石尺寸：高 170 厘米，寬 72 厘米

石存地點：安陽市林州市桂林鎮張家莊村白龍廟

明季龍潛溝白龍神張簡故里

龍之爲靈昭昭也，詳於《易》，見於《春秋》，雜□□記載百家之書，要皆能霖雨蒼生，慰望三農者也。吾鄉□簡而神者也，於有明萬暦初年，謫降斯土，神生而穎异，迥不猶人。然幼年孤苦，煢煢無依。總角後偶游淇南張村，爲宋公諱相傭工数載，旋配其長女而爲之婿。靈迹异常，嘖嘖人口。限滿之後，雲從飛升，若龍潛谷，若淇河寺皆有專祠，碑碣在在可考。每值亢旱禱雨，應捷桴鼓。奈故土荒凉，院宇無存，殊爲缺典，不有表揚，千載下誰復能記憶者乎？余自愧力微，徒增感慨。乃於民國辛酉，首倡其事，爰請鄰族好善諸公，議立碑記。僉曰：此善舉也，我輩蓄意已久。於是糾合村衆量力捐資，集腋成裘，不数月而豐碑矻矻矣。功成勒石，求文於余，余以爲神功浩大，其庇蔭於一方者至巨且遠，兹特述其巔末，以誌原籍云爾。

前清增廣生員兼自治畢業常毓五撰并書，前清邑庠佾生兼師範畢業任愛棠參閱。

此橋名白家橋，此谷名白家溝，地北名章家堰。

大中華民國十年歲次辛酉小陽月中浣穀旦。

永垂不朽
重修大王廟並金粧聖像碑記
民國拾年歲次辛酉

646. 重修大王廟并金妝聖像碑記

立石年代：民國十年（1921 年）
原石尺寸：高 123 厘米，寬 46 厘米
石存地點：新鄉市原陽縣城關鎮祖師廟村祖師廟

〔碑額〕：永垂不朽

重修大王廟并金妝聖像碑記

會首：董瑞直捐錢十二千，□生黄文秀捐錢十二千，王翰捐錢七千五，武生胡長順捐錢七千文，裴俊廷捐錢七千。吕会文捐錢六千八，張榮堂捐錢六千，畢業生□□□捐錢六千，王朝嵩捐錢六千，張蘭堂六千，外委婁仲喜六千，李樹魁六千，文生裴昭忠六千，武生孫占元五千四，文生李焕然五千三，武生銀河亮五千，胡月鏡四千，郭青雲四千。馮全□、黄国□、楊達中、李心敬、付超河、李全玉、赵永芳、監生薛振彪、李德安，各四千。李全□二千，李楹二千一，李清□二千六，熊進賢三千五，張□賢三千五，文生張宗敏三千七，李廷陞七千，王永富四千，吕耀宗四千。□□□、張聯□、吕長文、胡宗凱、祖献廷、李德潤，各二千。宋占元一千五，張俊一千四。

優附生李榆書丹。

木匠：秦懷仁。泥匠：李心平、刘翰屏。石匠：岳雲。畫匠：郝紹孟、王增瑞、顧尊賢。

住持：石元凤。

民國拾年歲次辛酉□月中澣穀旦。

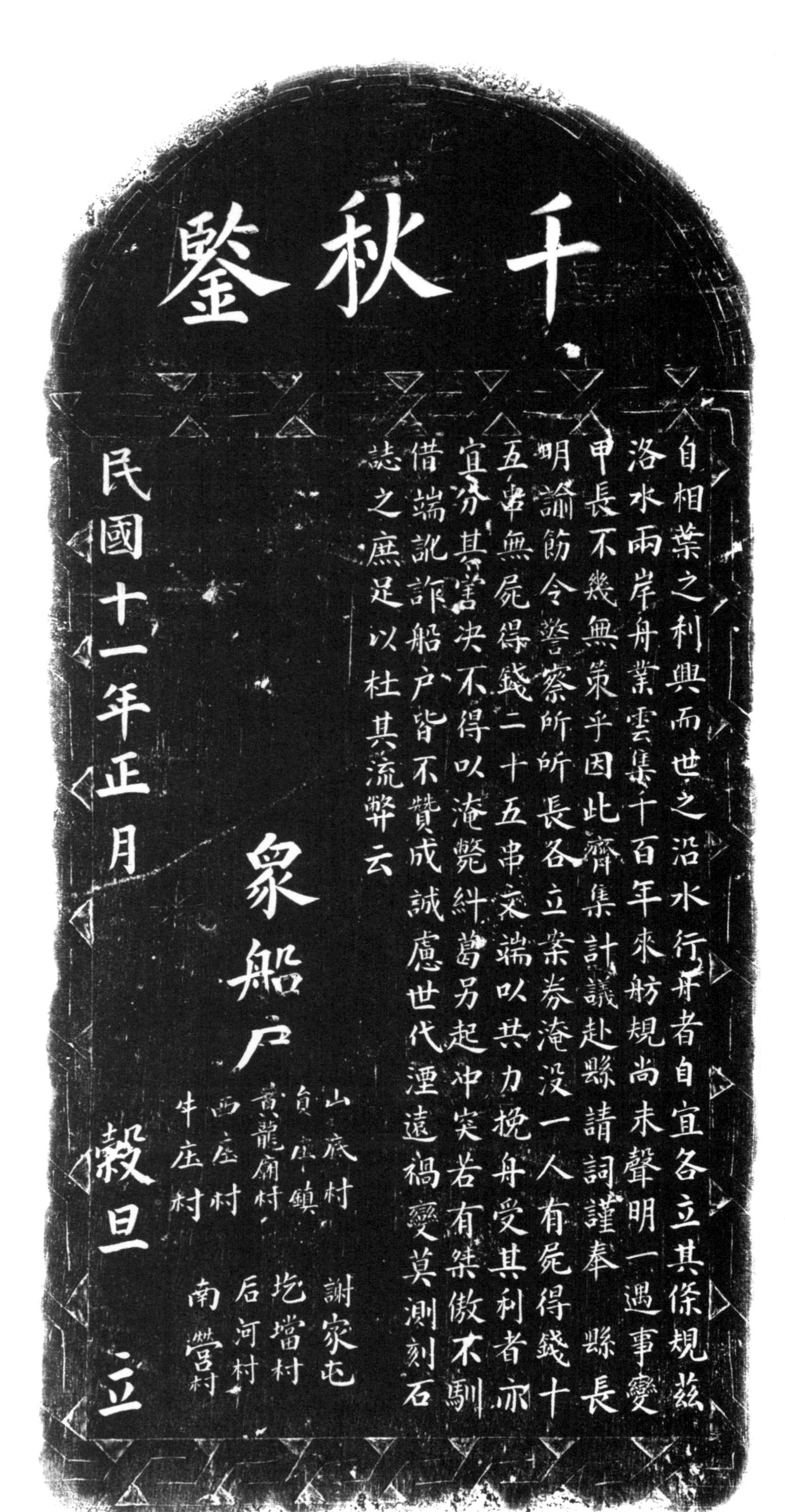
千秋鑒
自相業之利興而世之沿水行舟者自宜各立其係規茲
洛水兩岸舟業雲集十百年來舫規尚未聲明一遇事變
甲長不幾無策乎因此齊集計議赴縣請詞謹奉 縣長
明諭飭令警察所所長各立案券淹沒一人有屍得錢十
五串無屍得錢二十五串交端以共力挽舟受其利者亦
宜分其害決不得以淹斃糾葛另起冲突若有桀傲不馴
借端訛詐船户皆不贊成誠慮世代湮遠禍變莫測刻石
誌之庶足以杜其流弊云
衆船户
山底村 謝家屯
負庄鎮 圪壋村
黄龍廟村 后河村
西庄村 南營村
牛庄村
民國十一年正月 穀旦 立

647. 船户條規

立石年代：民國十一年（1922 年）
原石尺寸：高 97 厘米，寬 48 厘米
石存地點：洛陽市宜陽縣錦屏鎮黄龍廟村大王廟

〔碑額〕：千秋鑒

自相葉之利興，而世之沿水行舟者，自宜各立其條規。兹洛水兩岸，舟業雲集，千百年來，舫規尚未聲明，一遇事變，甲長不幾無策乎？因此齊集計議，赴縣請詞。謹奉縣長明諭，飭令警察所所長各立案券："淹没一人，有屍得錢十五串，無屍得錢二十五串。文端以共力挽舟，受其利者，亦宜分其害。决不得以淹斃糾葛，另起冲突。若有桀傲不馴、借端訛詐船户，皆不贊成。"誠慮世代湮遠，禍變莫測，刻石誌之，庶足以杜其流弊云。

衆船户：山底村、員莊鎮、黄龍廟村、西莊村、牛莊村、謝家屯、圪塇村、后河村、南營村。

民國十一年正月穀旦立。

重修廣濟橋碑記跋　夢飛袁兆麟書并篆額

民國建元第一壬戌春河洛道道尹楊洛陽縣知事王會同洛陽公款局局長王君芾鄉杜君少甫靳君牲存等豎石廣濟橋畔鐫舊刻於碑陽重表戮力建橋故邑人嵩山黃公懿行銘功且用風世也攷是橋建自明世宗嘉靖間爽塏嶇敞庨窮巧莊而靡費不貲我嵩山公慨出己囊不支擾官若民一文一夫落成戶部尚書洛陽應奎孫公兵部尚書宣陽襄毅王公暨河南府知府張公柱率僚屬勒石記以垂永禩豈非為便利交通有益社會而然也明政失馭寇洛中伯殉國盟梅公為前朝守節自號遺屬世不食清祿子姓用賦式微而橋亦保護難為力不逞者伺隙崛起附岸修為廬舍橋有昔為市廛放擴其利自肥淤隘逼狹幾不能通車馬財利用衆者僅為三數人私和而已我族控諸大府河南府知府劉篆行拆毀并豎石永遠禁止橋上修蓋房屋然曰久積生故態旋復作焉民國丙辰夏瀍水暴漲橋旁瀍塞水道橫溢漂没居民廬舍殆盡縣知事曾復申前禁而貪法者竟肆無忌憚和建橋上市廛若櫛比且毀舊扁斵碑碣隱諱湮圖務滅迹而去其害之我族運控數載趙前無措謂黃姓建橋者也保護權當歸諸黃霸佔橋地固無契有契亦為私買和賣委補用道吳君允治來鞫其事而楊道尹王知事縣西紳龍君偉勞王君守塵陳君佐棠十數人傾力斡旋與我族偕訂條約附鐫事乃得寢夫道路興廢覘國者古借以判盛衰故通都道路平其陂塹闢阻塞者維兌維關理勢固或佰哉況廣濟橋完軒條達兵願可聽其曰陷於壅閼阻塞者乎我族為便利交通而維持橋□因橋梁無追碑碣齋嗣責也亦國民應盡職務也然前後任長官與縣士紳多方營蔣橋務我黃姓感曷有極也耶洛陽黃氏裔孫聯芳耀坤謹跋

條約彙案擬列

一橋上阻水房屋現暫拆四隅者各兩間待來年夏秋水漲時全行拆去東西附岸廛舍由公款局執行抽收每年房金四分之一之地皮租所得租金按年為龍完瀍村學校撥付外餘歸公款局動用但支配時必須同知黃姓

一橋上由公款局豎碑鐫刻舊文碑陰臚列近事以昭久遠并擇橋東南岸地址另行建修黃公專祠為捐資倡辦公益者風

一祠址房屋曰後如有殘損由公款局隨時修葺

協訂條款人　楊葆元　吳允治　葉在坻　王松壽　[illegible]陸濂　王振鋆　陳宣猷　賈坦　徐夢蓮　馮爵模　宮玉桂　沈桂芳　呂鳳騫

民國十一年暮春上浣之吉　石工王照周鐫

648. 重鎸廣濟橋碑記跋

立石年代：民國十一年（1922年）
原石尺寸：高265厘米，寬92厘米
石存地點：洛陽市瀍河回族區大石橋

重鎸廣濟橋碑記跋

民國建元第一壬戌春，河洛道道尹楊、洛陽縣知事王會同洛陽公款局局長王君芾卿、杜君少甫、靳君性存等豎石廣濟橋畔，鎸舊刻於碑陽，重表獨力建橋故邑人龍山黄公懿行，銘功且用風世也。考是橋建自明世宗嘉靖間，爽塏閑敞，庨窌巧老，而糜費不貲。我龍山公慨出己囊，不支擾官若民一文一夫。落成，户部尚書洛陽應奎孫公、兵部尚書宜陽襄毅王公暨河南府知府張公柱，率僚屬勒石記，以垂永祀，豈非爲便利交通，有益社會而然也。明政失馭，我洛中伯殉國，鹽梅公爲前朝守節自韜，遺屬世不食清禄，子姓用賦式微，而橋亦保護難爲力。不逞者伺隙崛起，附岸修爲廬舍，橋身葺爲市廛，敚攘其利自肥。湫隘逼狹，幾不能通車馬，則利用衆者，僅爲三數人私利而已。我族控諸大府河南府，知府劉籛行拆毁，并豎石永遠禁止橋上修盖□屋。然日久頑生，故態旋復作焉。民國丙辰夏，瀍水暴漲，橋房滯塞，水道横溢，漂没居民廬舍殆盡。縣知事曾復申前禁。而骫法者竟肆無忌憚，私建橋上市廛若櫛比，且毁贔屭、斷碑碣，瘞諸溷圊，務滅迹而去其害己。我族連控數載。趙前兼督謂黄姓建橋者也，保護權當歸諸黄，霸占橋地，固無契，有契亦爲私買私賣。委補用道吴君允治來鞫其事。而楊道尹、王知事、縣士紳郭君仙芳、王君守隺、陳君化棠十數人傾力斡旋，與我族偕訂條約附鎸，事乃得寢。夫道路興廢，覘國者，古借以判盛衰。故通都道路，平其陂壅閼阻塞者，維兑維闢，理勢罔或偭越，况寬濟橋宏軒條達矣，顧可聽其日陷於壅閼阻塞者乎？我族爲便利交通，而維持橋梁，因橋梁兼追碑碣，裔嗣責也，亦國民應盡職務也。然前後任長官與縣士紳多方營樹橋務，我黄姓感曷有極也耶。

洛陽黄氏裔孫睽莽耀坤謹跋。

條□約彙案撮列：

一、橋上阻水房屋現暫拆四隅者各兩間，待來年夏秋水漲時全行拆去。東西附岸廛舍由公款局執行抽收，每年房金四分之一之地皮租所得租金，按年爲龍虎灘村學校撥付外，餘歸公款局動用，但支配時，必須同知黄姓。

一、橋上由公款局樹碑鎸刻舊文，碑陰臚列近事，以昭久遠，并擇橋東南岸地址寬兩丈，建修黄公專祠，爲捐資倡辦公益者風。

一、祠址房屋日後如有殘損，由公款局隨時修葺。

協議條約人：楊葆元、吴允治、葉在坻、王松壽、郭陞瀛、王振鋆、陳宣猷、賈坦、徐夢蓮、馮樹模、宫玉柱、沈桂芳、吕鳳騫。

石工王熙周鎸。

民國十一年暮春上浣之吉。

649. 楊公紀功碑

立石年代：民國十一年（1922年）
原石尺寸：高97厘米，寬40厘米
石存地點：焦作市温縣黄莊鎮東王村

〔碑額〕：流芳百世

楊公紀功碑

公諱成雲，世居東王里。年七旬，前二次上山皆雨。今又旱，社中謀選人往祷。公聞慨應，與同事走輝至潭所，例焚表，衆表起，公表否三，祈請而□。王不許。公愧曰：余過矣，余過矣。乃向潭崩角稽首，衆救止。旋視硏。王許雨。衆喜，携硏歸。行半日，公歿。同事抬行，細雨随之。廿一日，公尸至家。夜即雨。雖接雨朝佛日未雨，而彤雲密布，儼如公之灵随行護駕焉者。嗚呼！人誰不死，如公者，真所謂攀鱗附羽，得龍王而永垂不朽者歟！將演戲賀雨，社人謀勒貞，以碑贊囑余。余沐手而贊曰：嗚呼楊公，生而忠誠，死而英灵。其同乎萬物，生死而復歸於無物者，暫聚之形，不與萬物共盡，而卓然其不朽者，後世之名。此自古神聖，莫不皆然。而著在典册者，照如月星。嗚呼楊公，吾不晤之久矣，猶能仿佛公之平生，其悃悃款款，渾厚精明，而埋於地下者，意其不化爲朽壤，而爲雷雨之声。不然祈雨十二人，亘古至今兮，莫不强健而崢嶸。胡爲乎普救萬民之善事，而半塗殞没兮，適值於公。况乎三伏之炎暑兮，尸行三日不腐而不崩。疑必我王收爲推車使者兮，所以尸行之處，清風細雨，步步以相從。嗚呼楊公，身雖已没兮，似可悲鳴，而其衆口歌頌，名傳後世兮，早随雲雷以飛升。

現年上山執事：

會首頭社：王廷琦、張光富、王永貞、王世杰、王恒清、王樹元。

二社：李之良、安新貴、楊建安、安新周、楊成高。

三社：張元善、郝本生、張之澶、郝本公、張中合、張月來。

同立。

清邑庠生員王保泰撰，沁陽國民學校教員蘇博愛沐手書丹，玉工趙義生勒石。

大中華民國十一年六月上浣之吉立。

永垂獻紋

重修禹王臺碑記

宣聖刪書斷自唐虞唐虞之功禹平尚矣顧其時洪水滔天下民昏墊倘非天錫玄圭告厥成功則聲教何由四訖勳華何由丕煥耶虞書二典繼以禹謨章章明矣不寧惟是撻武商頌也設都猶稱禹績南山周雅也疆理不忘禹甸士君子讀禹貢一書僉以為神禹之功澤被九州功垂萬世援有功則祀之文凡有高山大川者皆當馨香奉之矣寧獨豫州而已哉然河自龍門以下由華陰而底柱由底柱而孟津而大伾瀕河千餘里皆豫境也其水勁且疾其土鬆而疏險象環生隄防不易綜計四千餘年間或漫溢為災而安瀾叠慶仰託神休歷史俱在感頌至今由是觀之禹王之有功於豫與豫人之感戴神功飲水知源蓋亦深且遠矣豫省東南隅距城三里許有贊然而矗立者古吹臺也臺之上有亭翼然而肅穆者禹王臺也創自明嘉靖二年越清季共二百餘年踵而修者不知凡幾兵燹水火浩劫頻仍而王之宮猶能巋然獨存者謂非神靈所呵護與人民所愛戴奚克至此予於仲春植樹節偕諸寅僚登臺上徘徊周覽若鐘鼓樓若街碑亭若左右迴廊風剝雨蝕苔續蘚侵而棟桷摧殘檐霤傾圮觸目驚心感慨繫之矣夫是宮也既為名勝之區又多前賢題詠人傑地靈若竟任其傾墮不惟春秋佳勝都人士登高遊覽抹煞風景且恐人往風微後之人雖有奉祀之精誠其將何所憑依耶於斯時也適西平于君廷鑑署四郊警察署署長藉此為辦公處即委該署長董厥役并委本署支應處段主任樹德集貲規畫鳩工庀材或塗丹艧或施髹漆越數月蕆事雲霞絢彩金碧呈輝門垣廊廡煥然一新于君乃請為記予曰吁是役也亦可以肅明禋荅神庥自茲以往河流效順兩河士民永蒙厥福皆將於是役卜之也豈第為觀美云乎哉是為記

中華民國十一年十月上澣河南省長張鳳臺撰　祕書王靜瀾書

650. 重修禹王臺碑記

立石年代：民國十一年（1922 年）
原石尺寸：碑高 180 厘米，寬 60 厘米
石存地點：開封市禹王臺

〔碑額〕：聲教永垂

重修禹王臺碑記

宣聖刪書，斷自唐虞。唐虞之功，敻乎尚矣。顧其時洪水滔天，下民昏墊，倘非天錫玄圭，告厥成功，則聲教何由四訖？勳華何由丕焕耶？《虞書》二典，繼以《禹謨》，章章明矣，不寧惟是。撻武《商頌》也，設都猶稱禹績；南山周雅也，疆理不忘禹甸。士君子讀《禹貢》一書，僉以爲神禹之功，澤被九州，功垂萬世。援有功則祀之文，凡有高山大川者，皆當馨香奉之矣，寧獨豫州而已哉。然河自龍門以下，由華陰而底柱，由底柱而孟津、而大伾，瀕河千餘里，皆豫境也。其水勁且疾，其土鬆而疏，險象環生，堤防不易。綜計四千餘年間，或漫溢爲灾，而安瀾叠慶，仰託神休，歷史俱在，感頌至今。由是觀之，禹王之有功於豫，與豫人之感戴神功、飲水知源，蓋亦深且遠矣。豫省東南隅距城三里許有聳然而矗立者，古吹臺也。臺之上有亭翼然而肅穆者，禹王臺也。創自明嘉靖二年，越清季共二百餘年，踵而修者，不知凡幾。兵燹水火，浩劫頻仍，而王之宫猶能巋然獨存者，謂非神靈所呵護與人民所愛戴，奚克至此？予於仲春植樹節偕諸寅僚登臺上，徘徊周覽，若鐘鼓樓、若御碑亭、若左右迴廊，風剥雨蝕，苔繡蘚侵，而棟桷摧殘，檐霤傾圮，觸目驚心，感慨繫之矣。夫是宫也，既爲名勝之區，又多前賢題咏，人傑者地靈，若竟任其傾墮，不惟春秋佳勝都人士登高游覽，抹煞風景，且恐人往風微，後之人雖有奉祀之精誠，其將何所憑依耶？於斯時也，適西平于君廷鑑署四郊警察署署長，藉此爲辦公處，即委該署長董厥役，并委本署支應處段主任樹德集資規畫，鳩工庀材，或塗丹雘，或施髹漆，越數月蕆事，雲霞絢彩，金碧呈輝，門垣廊廡焕然一新。于君乃請爲記，予曰：吁！是役也，亦可以肅明禋，答神庥。自兹以往，河流效順，兩河士民永蒙厥福，皆將於是役卜之也，豈第爲觀美云乎哉！是爲記。

中華民國十一年十月上澣河南省長張鳳臺撰，秘書王静瀾書。

靈雨斯零

河朔汲縣玄帝廟禱雨靈應記

中華民國十二年歲次昭陽大淵獻荷月中伏節□穀旦

651. 河朔汲縣玄帝廟禱雨靈應記

立石年代：民國十二年（1923年）
原石尺寸：高167厘米，寬63厘米
石存地點：新鄉市衛輝市玄帝廟

〔碑額〕：霝雨既零

河朔汲縣玄帝廟禱雨靈應記

慨自世衰道微，人心詭詐，天愁人怨，風雨愆期，以致頻年饑饉，薦臻數省，赤野哀鴻嗷嗷，父子不相見，兄弟妻子離散，釀成餓莩在道，有傷天和。嗟呼！伊誰之咎歟！民國以還，競尚奢侈，不顧父母之養，自己擁數萬金錢，供其揮霍，終日博弈，徵逐聲色貨利，全不以爲善爲應盡天職，□飾行善之貌，内多悖理之行。天之視聽在民，民所欲天必從，豈禱雨非爲民生衣食之計耶。世風不古，天心不順，降灾以水火旱疫刀兵。奈人心已死，不知警戒，互相勉勵爲善，□挽□□劫，□而怨天尤人。試問吾人日用倫常有虧否乎？昔商湯禱雨桑林，以六事自責，大雨數千里。今之人不知責己，但欲責人，責人則明，責己則昏也。即如玄天上帝，神道設教，感化萬民，雨暘時若，豐年有慶，若逢大旱，禱輒應之。壬戌之夏，旱象已成，因有雲□禪師□雨爲勞，籲請張君向化，張君憲文、張君楷、彭君發財、李君經畲、計君長仲、高君罣然、俞君普仁，諸公議定求雨細則，凌晨步行，恭趋青龍庵焚香，汲泉以資甘霖，疊沛以閏端陽。十七日在□提設壇，廿十日普降大雨，三農慰望，憂者以喜，病者以愈。每日兩次，大衆齊向玄天上帝尊神拈香敬禱，焚化旱表，愿爲刷送，養身保命，録百廿本，丹雘廟宇，金碧聖像，以諷經施書立石。爲酬謝神聖，客秋七月十三日了愿之期，雲林禪師爲□□□人，以獻劇改良爲施送善書。從前紛華靡麗之習，下變而爲勸人爲善之心，寬開行善之路，以挽頹敗之風。公街捐資百餘千之多，入不敷出，虧項十餘千。由雲林彌□□□民所捐之册，因前石匠因循，以致耽誤失迷。今當泐石之際，諸君既慨捐樂輸，有陰騭之功，□目如電，自有作善降祥之慶，詎區區虚名，列諸貞珉爲貴哉？至於民國八年，世局不靖，匪患疊生，雲林乞衆商紳捐資二百餘緡，就管驛庵口建修閘門一所，以捍衛閭閻起見，街□嚴謹，以洗從前澆薄之習，故名其閣曰“安然”，又名其里曰“太和”。嗚乎！大旱禱雨，至誠感神，時和年豐，民受其惠。此即范文正“先天下之憂而憂，後天下之樂而樂”歟。衛郡風俗强悍，一言齟齬，每致鬥狠，而雲林慈悲爲懷，寬行道德，既無官守之責，又乏治人之權，安然伏和者，抱息事寧人之心，有和氣致祥之象，足合横渠先生民胞物與之量。後之□者觸目驚心，養成雍雍穆穆和平氣象，莫負雲林苦口婆心焉。駿昌不學無文，既承雲林雅命，知己多年之交，翰墨因緣之契，義不容辭，聊供鄙見，以誌雲林功歸實□之苦衷。以後無論何等社會，能以免其糜費，有用金錢，開通爲善施書之風，以雲林爲破天荒也耶。是爲記。

焦作國民學校校長邑人武駿昌撰文書丹，住持昌祥篆額，邑人張國鍾校對。

首事：協盛玉、全盛和、蓋長興、祥盛號、正□號、福興久、金鐘樓、裕太隆、億興號、文記、寬升堂、裕源恒、義盛發、裕慶隆、恒升久、祥盛禮、任祥裕、敬興長、恒升長、合順德、劉長泰、瑞升祥、志力成、均興長、俊記、文會房、源成遠、億德昌、萬盛合、賓慶隆、自興成、中華藥房、恒昌裕、協興號、全香樓、大興紙店、楊崑、李雲漢、郭登雲、李漸儀、王寶善、張廉泉、豫興號、延齡堂、祥記、一品齋、振興永、長盛和、德盛公、德興長、公興恒、高公館、春茂源、雙興成、泰山成、福興恒、昌永盛、賈三合、文香姥、吉星成。

住僧：昌祥、昌福、昌義，徒隆濱、隆敬、隆瀛、隆洤、隆濤、隆湘，孫能樹、能梅、能梧、能檀，同立。

石工馬朝相。

中華民國十二年歲次昭陽大淵獻荷月中伏節穀旦。

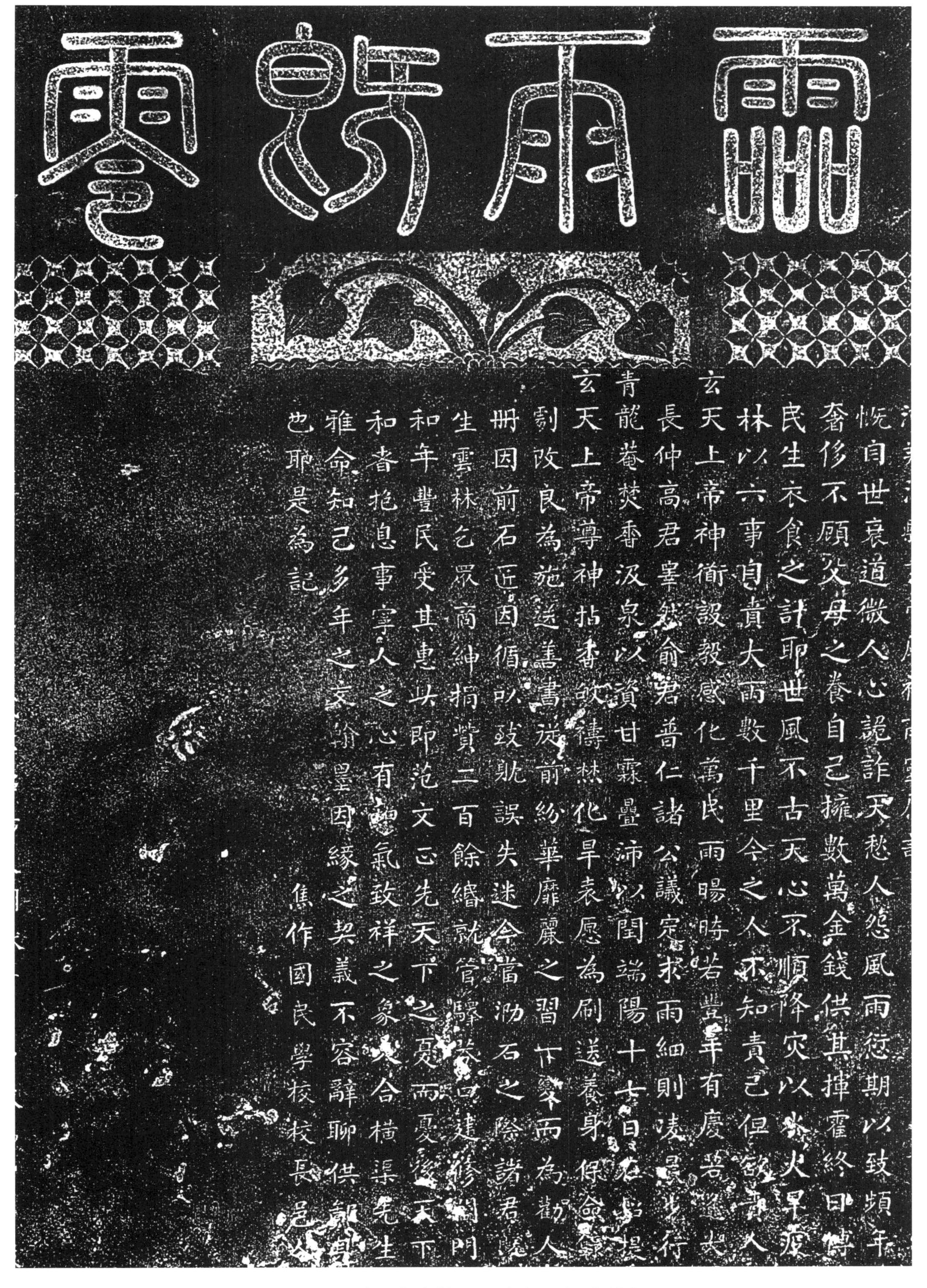

《河朔汲縣玄帝廟禱雨靈應記》拓片局部

禹功萬古闢龍門威噴黃
流砥柱爭吾屹鎮平湖巨
峰揚帆碧海達河源
開蘇彝士通歐亞絕巳奔

652-1. 康有為題三門（碑陽）

立石年代：民國十二年（1923 年）
原石尺寸：高 138 厘米，寬 65 厘米
石存地點：三門峽市博物館

禹功萬古闢龍門，頗嘆黄流砥柱尊。吾欲鏟平此巨嶂，揚帆碧海達河源。
開蘇彝士通歐亞，絶巴拏（接下石）

禹迹西東最多三門三里
石昔將疏鑿補天工
癸亥十二月三日偕鎮守使刁香玲
遊龍門摩砥柱萬二三丈許河深消
昔〻鑿之通海　南海康有為

652-2. 康有為題三門（碑陰）

立石年代：民國十二年（1923 年）
原石尺寸：高 138 厘米，寬 65 厘米
石存地點：三門峽市博物館

（接上石）馬溝西東。蕞尔三門三里石，誓將疏鑿補天工。
癸亥十二月三日，偕鎮守使丁香玲游龍門，摩砥柱，高二三丈許，河流滔，誓言鑿之通海。
南海康有為。

〔注〕：1923 年農曆十二月初三，康有為在鎮守使丁香玲的陪同下來到陝州古城，憑吊三門雄姿。面對滔滔東流的黄河、巍然屹立在河流中央的砥柱石以及兩岸陡峭壁立的山峰，康有為心潮澎湃，一氣呵成《題三門》，抒發了他渴望疏通黄河天塹、學習西方、振興中華、變法改革的胸襟。

653. 省莊村修井碑記

立石年代：民國十三年（1924 年）
原石尺寸：高 145 厘米，寬 57 厘米
石存地點：洛陽市偃師區邙嶺鎮省莊村

〔碑額〕：流芳

省莊村修井碑記

大凡事不奇，不足以傳，心不□不足以誌。省莊村底家街舊有公井一院，多歷年所，頹壞難用。值民國六年夏，天旱□缺，街□修棟、雍尚、□畢業底生見清者，熱心公益，慨□提倡，每日親身監督，及井將成，人井□者，不辞□□，不畏艱險，詎意禍生不測，井崖頽塌，從井四人，三人救出，惟底□一人□命□耶。奇□街□□□厥工遂寢。今歲天又亢旱，水不敷用，街衆修井之念頓興，邀集磋商，各捐己資，但社會督工不易。幸有□君文周，年近七旬，聲望素孚，□爲監修首領，不數□工程告竣。竊思此事成功之速，固街衆誠心所致，亦底生山靈暗助，有以復之，不然□前□如彼之□君後事如此之坦易乎？總之，皆神靈默佑，痛□者之非命。今後人之□誠，遂大施□□佑厥成功焉。事竣工畢，街衆不□没前人之德，又欲□□□神□之□□代□□記，并將捐資人姓名列左，以示不朽云。（以下漫漶不清，略而不録）

底家街衆修。

民國十三年桂月中浣穀旦。

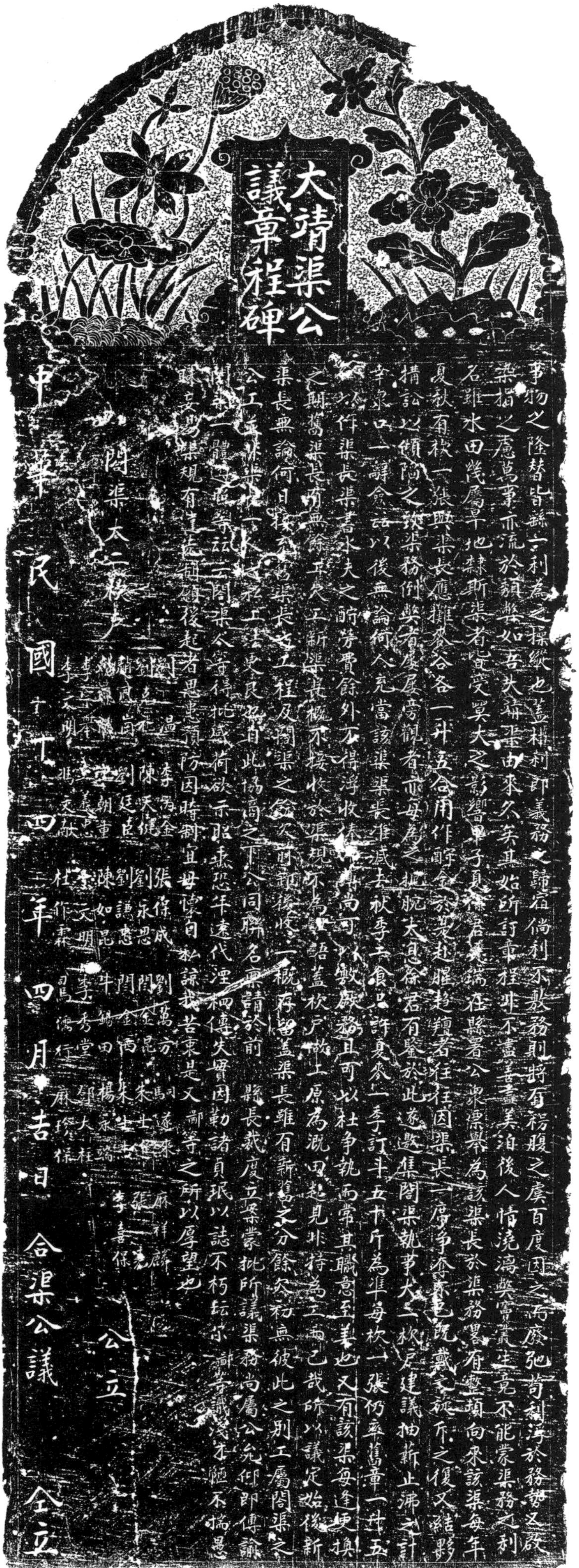
大清渠公議章程碑

654. 大靖渠公議章程碑

立石年代：民國十四年（1925 年）
原石尺寸：高 165 厘米，寬 56 厘米
石存地點：洛陽市關林

〔碑額〕：大靖渠公議章程碑

事物之隆替，皆繇一利爲之操縱也。蓋權利即義務之歸宿，倘利不敷務，則將有枵腹之虞，百度因之而廢弛；苟利浮於務，勢又啟染指之慮，萬事亦流於頹弊。如吾大靖渠由來久矣，其始所訂章程非不盡善盡美。洎後人情澆漓，弊竇叢生，竟不能蒙渠務之利，名雖水田，幾屬旱地，隸斯渠者，皆受莫大之影響。甲子夏，徐君□瑞在縣署，公衆票舉爲該渠長，於渠務略有整頓。向來該渠每年夏秋有杴一張，與渠長應攤麥谷各一升五合，用作酬金，於是赴膻趋羶者，往往因渠長一席，争奪不已，既戴之，旋斥之，復又結夥構訟以傾陷之，致渠務倒斃者屢屢，旁觀者亦每爲之扼腕太息。徐君有鑒於此，遂邀集閤渠執事、大二杴户，建議抽薪止沸之計，幸衆口一辭，僉云：以後無論何人充當該渠渠長，准減去秋季工食，只許夏麥一季，訂斗五十斤爲準，每杴一張，仍率舊章一升五合，以作渠長、渠書、水夫之酬勞費，餘外不得浮收，俸□簿，尚可以敷厥務，且可以杜争執而常其職，意至美也。又有該渠每逢更换之期，舊渠長有無餘工欠工，新渠長概不接收，於渠規不爲齟齬，蓋杴户做工原爲溉田起見，非特爲工而已哉。所以議定，始後新渠長無論何日接充舊渠長之工程，及閤渠之餘欠，前卸後收，一概存留。蓋渠長雖有新舊之分，餘欠初無彼此之别，工屬閤渠之公工，并非渠長一人之私工，法更良也。自此，協商之下，公同聯名稟請於前縣長裁度立案，蒙批“所議渠務，尚屬公允，仰即傳諭閤渠，一體遵照”等云云。閤渠人等得批感荷，欲示昭垂。恐年遠代湮，梱傳失實，因勒諸貞珉，以誌不朽云尔。

鄙等識淺才陋，不揣愚昧，妄易渠規，有違先制，願後起者思患預防，因時制宜，毋懷自私，諒我苦衷，是又鄙等之所以厚望也。

閤渠大二杴户：劉温、劉克礼、趙鳳崗、趙鳳□、李宗舉、李文明、李丙金、陳天健、劉廷臣、王朝重、王義忠、馮文献、張保成、劉永思、劉謙忠、陳如昆、□文明、杜作霖、劉萬方、閆金昆、閆金西、牛錫田、李秀堂、司馬儒行、司馬遂來、朱士進、朱士杰、楊永端、鄧大柱、麻珍保、麻祥麟、張堯、李喜保。

公立。

中華民國十四年四月吉日合渠公議同立。

創修無天大聖及龍王廟碑記

按舊籍考之余鎮蹈岔也西鄙人民僻陋錄錄無奇惟吏神一節不謟不瀆則有卓卓可稱者丁流鎮有無天大聖像并龍王像數尊代遠年湮不知何自所塑鬓髮鬚眉冠裳宛然凜凜然氣概猶生凡世之祈禱而來者多靈焉惜乎未為立祠使人太息民國十二年本鎮趙氏張運泰之母楊氏趙鳳岐之母陳氏者悉悽神無地慨然以建廟為己任然功出於創獨力難成廣為募化不憚煩焉於是鳩厥工庀厥材有主牆屋有主丹青不期月而工告竣噫是役也固所以妥神明安人心豈壯觀瞻而已哉吾更願後之人與民同志者嗣而葺之庶斯廟之不朽也

鎮人　仰甫韓錫圭沐手撰文

亞卿張振黃沐手書丹

中華民國十四年十一月上浣之吉

鉄筆李殿琛

655. 創修齊天大聖及龍王廟碑記

立石年代：民國十四年（1925 年）
原石尺寸：高 155 厘米，寬 57 厘米
石存地點：洛陽市伊川縣吕店鎮丁流村西佛廟

創修齊天大聖及龍王廟碑記

按興創考之，余鎮踞登出西鄙，人民僻陋，録録無奇，惟事神一節，不諂不瀆，則有卓卓可稱者。丁流鎮有齊天大聖像洎龍王像數尊，代遠年湮，不知何自所塑。鬓髮鬚眉，冠裳宛然，凛凛然氣概猶生，凡世之祈禱而來者，多靈焉。惜乎未爲立祠，使人太息。民國十二年，本鎮□趙氏、張運泰之母楊氏、趙鳳岐之母陳氏者，念栖神無地，慨然以建廟爲己任，然功出於創，獨力難成，廣爲募化，不憚煩焉。於是，鳩厥工，□厥材，有主墻屋，有主丹青，不期月而工告竣。噫！是役也，固所以妥神明、安人心，豈壯觀瞻而已哉？吾更願後之人與氏同志者，嗣而葺之，庶斯廟之不朽也。

鎮人介甫韓錫圭沐手撰文，鎮人亞卿張振黄沐手書丹。

張□氏施□□地一段，南北長□丈，東西□□丈五尺。

□□泰十仟。張家順三仟。張隆福一仟。張隆河二仟。□□功、張家榮各二仟。宋廷柱、韓長仁各一仟。□清一、韓□行各二仟。韓錫圭一仟文。韓耀祥二仟五。張進忠十仟文。温金魁、王清和、張隆朝、楊萬清、刘占元、趙合中、宋□隆、趙安邦、宋殿邦、宋朝殷、宋憲殷、張明照各二仟。李春林、韓兆林、韓長和、韓長敬、刘□□、宋士彬、韓寧詩、韓德□、張隆清、張隆道各一仟五。宋念殷、張家□各二仟。張隆保、鄭三中、李春華、張水旺、張聚、張隆甲、宋三成、刘春魁、鄭玉亮、韓九□、韓遂保、張德清各一仟文。

化主：李張氏、韓趙氏、張楊氏、宋楊氏、宋張氏、宋孫氏、張張氏、范周氏各錢二千。宋雷五百。李克存、韓唯奥、李□然、王六保各一千。張□□一□。張隆珠、宋敬敏各五百。張荀旦一□。楊大流、張家福、張家興各五百。張隆望、張□喜、張成顯，以上各五百。□玉瑞、□雨升、張萬壽、張□功、□民治，以上各一千。李春娃、□□□各五百。張□德一千。李秀升五百。温天京五百文。張冬至五百文。劉興二百文、張旺二百文。葛秦四百文。張水準、刘長珍、張興娃、張興旺、刘立，以上各五百。張□氏十千文。宋楊氏二千文。張□氏二千文。□張氏二千文。趙張氏一千五。張張氏二千文。張宋氏五千文。張趙氏一千文。郭趙氏五百文。

鐵筆：李殿瑛。

中華民國十四年十一月上浣之吉。

北岡寨堡修築記

流寇之禍烈矣唐之黃□□明之張李而前清同治元年則有捻匪烏合數十餘萬縱橫百有餘里屠戮無辜□□行劫掠所經村莊悉成灰燼聞之者惟有怵然悲惕然驚而痛苦流涕耳斯時村□□北二里許幸有舊寨遺址不知創於何時坐落高岡背臨洛水形勢極為險要□□人借此以備賊寇者也我村首事白長盛白長生步雲集恩榮等欲糾合同志力救桑梓乃蹀躞道途□□頭村磋商將寨中之地分為東西兩段各貫一區以為避難之所於是衆口一辭□下即行修築一鼓作氣不越月而深溝高壘巖巖之雉堞告竣矣語云衆志成城□□誤哉迨賊寇大至四方來逃者均以絕救入按名發粟以至圍困旬有八日糧□□犧牲殆不啻陳蔡之厄焉我首事等率衆拒賊親冒矢石卒之□□共濟以全人□算者至匪歸後欲立石以示來世奈有志未逮而云亡迨今長盛公之□□□□不忍湮沒前人之功德因與村首事等爰敘巔末永作紀念並將我村所□□西段地畝多口暨首事等姓名勒諸貞珉以誌云

癸亥年六月念八日戌□□水暴漲溢至前殿八磚有餘

合村首事人等仝立

中華民國五年三月五日穀旦

656. 北岡寨堡修築記

立石年代：民國十五年（1926 年）
原石尺寸：高 108 厘米，寬 48 厘米
石存地點：洛陽市伊濱區佃莊鎮東石橋村

北岡寨堡修築記

流寇之禍烈矣，唐之黄巢、明之張李，而前清同治元年，則有捻匪烏合数十餘萬，縱横百有餘里，屠戮無辜，□行劫掠，所經村莊，悉成灰燼，聞之者惟有怵然悲，惕然驚，而痛苦流涕耳。斯時村之東北二里許，幸有舊寨遺址，不知創於何時，坐落高岡，背臨洛水，形勢極爲險要，誠前人借此以備賊寇者也。我村首事白長盛、白長立、白步雲、焦恩禄等，欲糾合同志，力救桑梓。乃蹀躞道途，與河頭村磋商，將寨中之地分爲東西兩段，各買一區，以爲避難之所。於是衆口一辞，□下即行修築，一鼓作氣，不越月而深溝高壘，岩岩之雉堞告竣矣。《語》云“衆志成城”，□不誤哉。迨賊寇大至，四方來逃者，均以繩救入，按名發粟。以至圍困旬有八日，糧絶殺牲，殆不啻陳蔡之厄焉。我首事等率衆拒賊，親冒矢石，卒之同將共濟，以全人□□算者。至匪歸後，欲立石以示來世，奈有志未逮而云亡。迄今長盛公之孫□□□□□，不忍湮没前人之功德，因與村首事等，爰叙巔末，永作紀念。并將我村所購寨□之西段地畝、弓口暨配首事等姓名，勒諸貞珉以誌云。

癸亥年六月念八日戊□，洛水暴漲，溢至前殿八磚有餘。

合村首事人等同立。

中華民國□五年三月□五日穀旦。

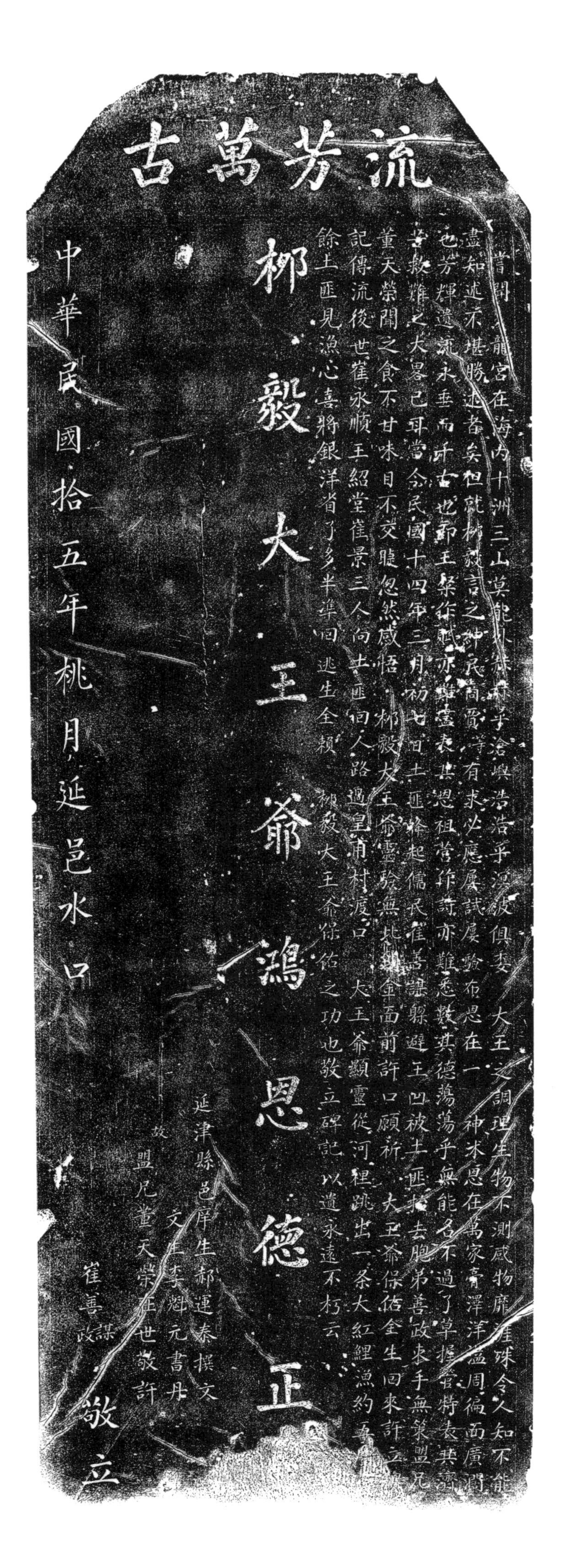

流芳萬古
栁毅大王爺鴻恩德正
延津縣邑庠生郝運泰撰文
盟兄董天榮王世敬許
崔善政
敬立
中華民國拾五年桃月延邑水口

657. 柳毅大王爺鴻恩德正碑

立石年代：民國十五年（1926年）
原石尺寸：高156厘米，寬53厘米
石存地點：新鄉市衛輝市龐寨鄉柳衛村

〔碑額〕：流芳萬古

柳毅大王爺鴻恩德正

嘗聞龍宫在海内，十洲三山莫能外，赫赫乎滄嶼，浩浩乎溟波，俱委大王之調理。生物不測，感物靡涯，殊令人知不能盡知，述不堪勝述者矣。但就柳毅言之，紳民、商賈等有求必應，屢試屢驗，布恩在一神，沐恩在萬家。膏澤洋溢，周遍而廣闊也，芳輝遺流，永垂而千古也。即王粲作賦，亦難盡表其恩；祖营作詩，亦難悉數其德。蕩蕩乎無能名，不過了草握管，特表其濟苦救難之大略已耳。當今民國十四年三月初七日，土匪蜂起，儒民崔善謀躲避王凹，被土匪抬去，胞弟善政束手無策。盟兄董天榮聞之，食不甘味，目不交睫。忽然感悟柳毅大王爺靈驗無比，朝金面前許口，願祈大王爺保佑全生回來，許立碑記，傳流後世。崔永順、王紹堂、崔景三人向土匪回人，路過皇甫村渡口。大王爺顯靈，從河裹跳出一条大紅鯉漁［魚］，約五□□餘。土匪見漁［魚］心喜，將銀洋省了多半，準回逃生，全賴柳毅大王爺保佑之功也。敬立碑記，以遺永遠不朽云。

延津縣邑庠生郝運泰撰文，文生李魁元書丹。

故盟兄董天榮在世敬許。

中華民國拾五年桃月延邑水口，崔善謀、崔善政敬立。

658. 重修井泉碑序

立石年代：民國十五年（1926 年）
原石尺寸：高 98 厘米，寬 112 厘米
石存地點：焦作市修武縣雲台山鎮一斗水村

重修井泉碑序

古來旧有井泉一個，年深日久，山水瀑發，河漲水淙，井泉塌壞，故在村中之人同心皆意重修井。賈永祿、李云仁每日催工，挨户做工，照理匠人火食，共化錢七十余仟，按十四股均派錢文，工程完，必刻立石碑，永垂不朽云。韓焌沐手拙文。

李祥福三股各銀十六兩，賈永福两股各銀十三兩，王廷楝各銀一兩，徐明元各銀六兩，韓元祜各銀六兩，赵長福各一股半各銀七兩二錢，王虎成各一股半各銀七兩二錢，赵長榮各一股半各銀七兩二錢，韓明玉各一股半各銀六兩八錢，王庭椅各一股各銀五兩六錢，赵長貴各一股各銀五兩六錢，王庭桧各一股各銀五兩一錢。

石工：郭永□。玉工：秦富贵。

時大中丙寅十五年六月吉日一斗水同立。

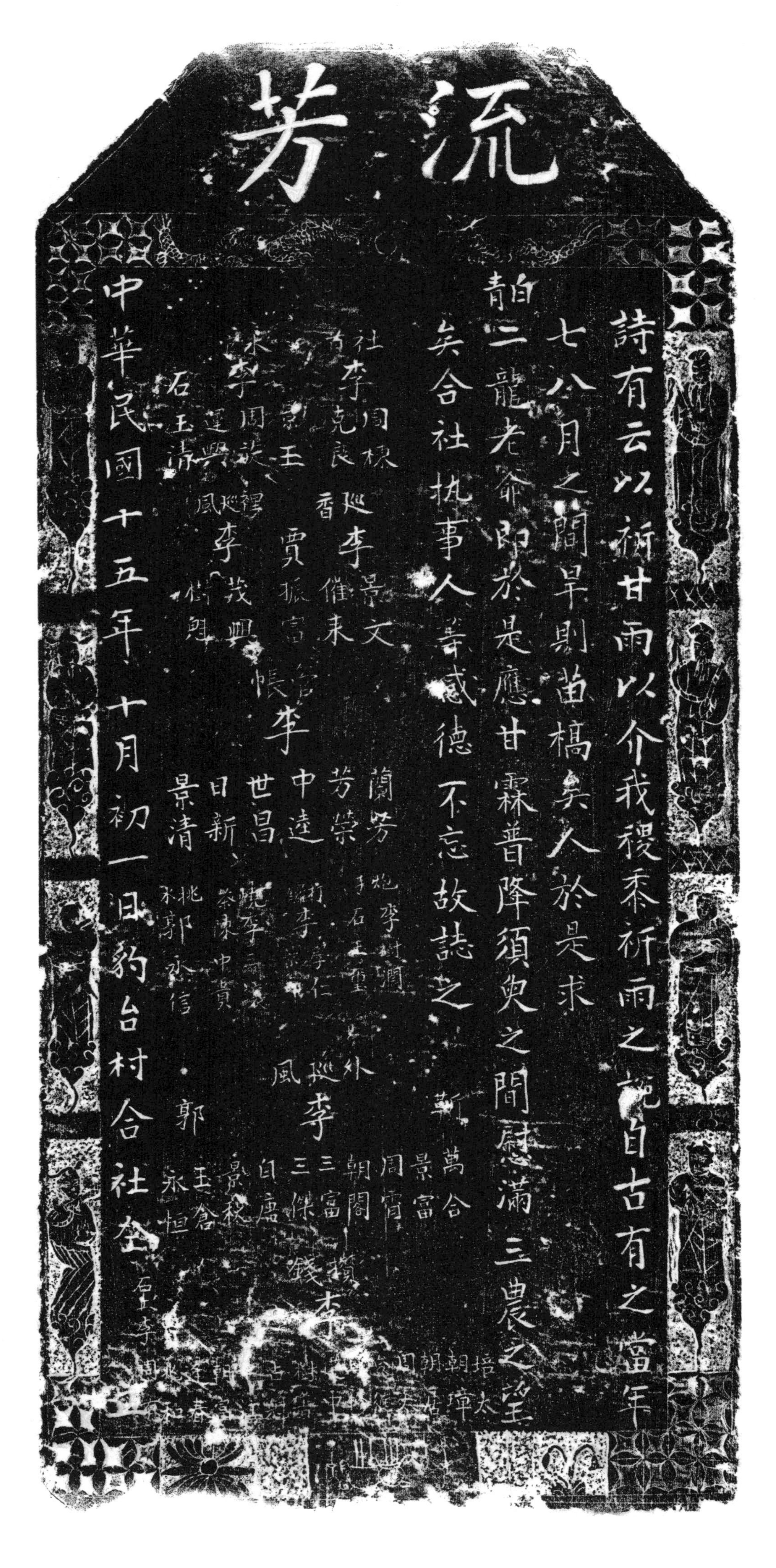
流芳
詩有云以祈甘雨以介我稷黍祈雨之說自古有之當年
七八月之間旱則苗槁矣人於是求
龍老爺即於是應甘霖普降須臾之間慰滿三農之望
矣合社執事人等感德不忘故誌之
中華民國十五年十月初一日豹台村合社全立

659. 豹臺村祈雨碑記

立石年代：民國十五年（1926 年）
原石尺寸：高 80 厘米，寬 37.5 厘米
石存地點：安陽市林州市任村鎮豹臺村白龍洞

〔碑額〕：流芳

《詩》有云：以祈甘雨，以介我稷黍。祈雨之説，自古有之。當年七八月之間，旱則苗槁矣。人於是求白、青二龍老爺，即於是應，甘霖普降，須臾之間，慰滿三農之望矣，合社执事人等感德不忘，故誌之。

社首：李周棟、李克良。水官：李景玉、李周旋、李運興、石玉清。巡香：李景文、李催来、賈振富。里巡風：李茂興、李樹魁。管帳：李蘭芳、李芳榮、李中逵、李世昌、李日新、李景清。炮手：李樹潤、李玉璽。打鑼：李學仁、李景印。燒茶：李三讓、陳中貴。挑水：郭永信。外巡風：靳萬合、靳景富、靳周霄、靳朝閣、李三富、李三傑、李自唐、李景秋、郭玉倉、郭永恒。攢錢：李培太、李朝璋、李朝居、李周太、李峻德、李□中、李樹普、李占魁、李□江、李朝富、李逢春、李兆和。石工：李周有。

中華民國十五年十月初一日豹台村合社同立。

萬善同歸
月
日

660. 建修九龍聖母廟碑

立石年代：民國十六年（1927 年）
原石尺寸：高 157 厘米，寬 62 厘米
石存地點：洛陽市伊川縣鳴皋鎮孫村太后廟

〔碑額〕：萬善同歸　　日　月

建修九龍聖母庙碑

嘗聞：莫爲之前，雖美弗彰；莫爲之後，雖盛弗傳。而庙宇之廢興存亡者亦然。孫家村東舊有九龍聖母庙一座，保障一方。每逢天旱之濟，乞降甘霖，灵驗無比，澤潤生民，所關非鮮。奈民國二年六月念八日，水患大作，一宵未終，而庙貌神像迹息形亡，已成適水，村中老幼咸傷心焉。是年春，地方荒塘，匪徒繁興，村中築寨，保衛生靈。寨首孫□□會及村衆，少長咸集，議修是庙於東門之上，莫不樂從。因各捐己囊，化爲布施，得錢百仟，擇日興工，運磚積石，不数月間告厥成功，神人共悦矣。事成問序於余，余不敏，略叙其事，勒諸貞珉，以爲後鑒。

功德主：萬全寨捐錢一千仟，孫□□捐錢十一仟，孫憲章捐錢十五仟，馮青雲、孫殿卿、孫發科各捐錢十仟，孫金贊捐錢八仟，孫德超捐錢七仟三百文，劉□和捐錢七仟，孫萬選、孫□雲、孫書堂各捐錢六仟文，孫倫文捐錢五仟文，孫□□捐錢六仟文，孫□□、孫慶雲、魏中朝、孫□□、□□□各捐錢五仟，孫貫一捐錢四仟，孫廣仁、孫□□、孫萬芝、魏振國各捐錢三仟，邢村：□□□捐錢十一仟，姜逢山捐錢五仟，謝天寵捐錢五仟，邢永成、邢永全各捐錢三仟，謝金、謝天一、謝泮、董天福各捐錢二仟，謝潤捐錢一仟，萬勺村：李位□捐錢五仟，孫天才、孫文□、孫□堂、孫凉、劉德花、孫殿一、符天民、劉東花、馮作霖、孫□□、孫□各捐錢三仟，魏振邦捐錢二仟，孫李氏、孫玉重、馮作寿、孫□星、孫守章、馮騰甲、孫瀛、符玉堂、馮毓祥、魏中奎、劉□□、孫福順各捐錢二仟，孫建章、孫萬章、趙鳳麟、孫成文、孫中三各捐錢二仟文，孫榮三、孫三成、孫雲、孫萬英、孫□□、王和尚、孫萬善各捐錢一仟五百，符天彦捐錢一仟二百文，符文盛捐錢二仟，孫□盛捐錢一仟二百文，馮五朝、孫寶三、孫成三、孫濟、孫□玉、劉紹華、孫萬□、符光松、孫文□、王甲寅、孫玉堂各捐錢一仟文，武辛酉、魏振松、孫友三、孫儀文、孫庚辰、邢□福、孫天長、孫君召、孫春、張德九、孫萬重各捐錢一仟文。

□□：□□□、□□□。

丹青：劉榮生。

泥匠：魏中朝。

木匠：符天民。

民國拾六年孟秋月谷旦。

661. 祈雨碑記

立石年代：民國十六年（1927 年）
原石尺寸：高 63 厘米，寬 35 厘米
石存地點：安陽市林州市任村鎮豹臺村白龍洞

〔碑額〕：永固

《詩》曰：以祈甘雨。祈者，祷而求之也。我白龍、青龍職司雨澤，显□聖屡屡。於八月廿七日，率學生中童子数人，且有孤身、孤兒两人，取其心誠，无欲假旅，行至灵洞，祈求甘雨，如《詩》云云。生等許願，三日雨降，献供挂扁，立碑以報。但取水无資，用火柴小盒，恭取若干。白龍、青龍老爺果然显聖，因感其灵，敬謹以誌。

校長：李紹曾。孤身程凌霄，孤兒桑德本。經理人：李育賢、侯樹棠、李晨鈡。去洞人：桑立昌、桑德昌、李杯印、李魁隆、李文質。石工：李文學。

中華民國十六年十月十六日敬立。

永垂不朽

日　月

重修石橋記

石門村石橋三孔雖潭湯之要道實嵩盧之關津也中橋世遠年湮剝損已極奈時際凋敝商農共苦幾乎今不承於古矣有王君槐青者[illegible][illegible]也僑居我村慨興善念深願贊勷諸首事罔不熱心公益踴躍相從各花户督工助工[illegible]皆視為己任不憚辛苦而一時樂施之人更有李君清保暨君恩君英柴君松盛梁君文燦等爭先恐後各輸鉅項捐貲雖有多寡而好善究無低昂若不勒碩珉誌永遠則前人之善無以表即後人之善無以勸也因不辭固陋欣然樂為之序云

星垣梁維屏譔文

蘊軒趙儒聲書丹

景渠柴居賢校字

施主王槐青　施洋壹百元　督工趙[illegible]岐　首事梁維[illegible]

李清保　施洋二十元　工尚忠信　張[illegible]

君恩　施洋十五元　首事魏書丹　趙金箱

君英　施洋十五元　劉[illegible]徵　詹有法

柴松盛　施洋五元　陳清廉　事許[illegible]賞

梁文燦　施錢十串整　事閻勤善

范景文　施洋三十元　以備伊水徙杠之用

匠工　趙同聲

玉工　王青林

共費錢六百二十五串二百文

工一千六百二十五個

石門合甲仝立

民國拾陸年十一月十七日　穀旦

662. 重修石橋記

立石年代：民國十六年（1927 年）
原石尺寸：高 157 厘米，寬 58 厘米
石存地點：洛陽市欒川縣潭頭鎮石門村全神廟

〔碑額〕：永垂不朽　　日　月

重修石橋記

石門村石橋三孔，雖潭湯之要道，實嵩盧之關津也。中橋世遠年湮，剥損已極，奈時際凋敝，商農共苦，幾乎今不承於古矣。有王君槐青者，湯營人也，僑居我村，慨興善念，深願贊襄；諸首事罔不熱心公益，踊躍相從；各花户督工助工，率皆視爲己任，不憚辛苦。而一時樂施之人，更有李君清保暨君恩、君英、柴君松盛、梁君文燦等，争先恐後，各輸款項。捐資雖有多寡，而好善究無低昂，若不勒貞珉誌永遠，則前人之善無以表，即後人之善無以勸也。因不辭固陋，欣然樂爲之序云。

星垣梁維屏撰文，藴軒趙儒聲書丹，景渠張居賢校字。

施主：王槐青施洋壹百元。李清保施洋二十元。李君恩施洋十五元。李君英施洋十五元。柴松盛施洋五元。梁文燦施錢十串整。范景文施洋三十元。以備伊水徒杠之用。

督工：魏鳳岐、尚忠信。

首事：魏書丹、劉德俊、陳清廉、閆勁善、梁維鏞、張漢鼎、趙金箱、詹有法、許懋賞。

匠工：趙同聲。玉工：王青林。

共費錢六百二十五串二百文，工一千六百二十五個。

石門合甲同立。

民國拾陸年十一月十七日穀旦。

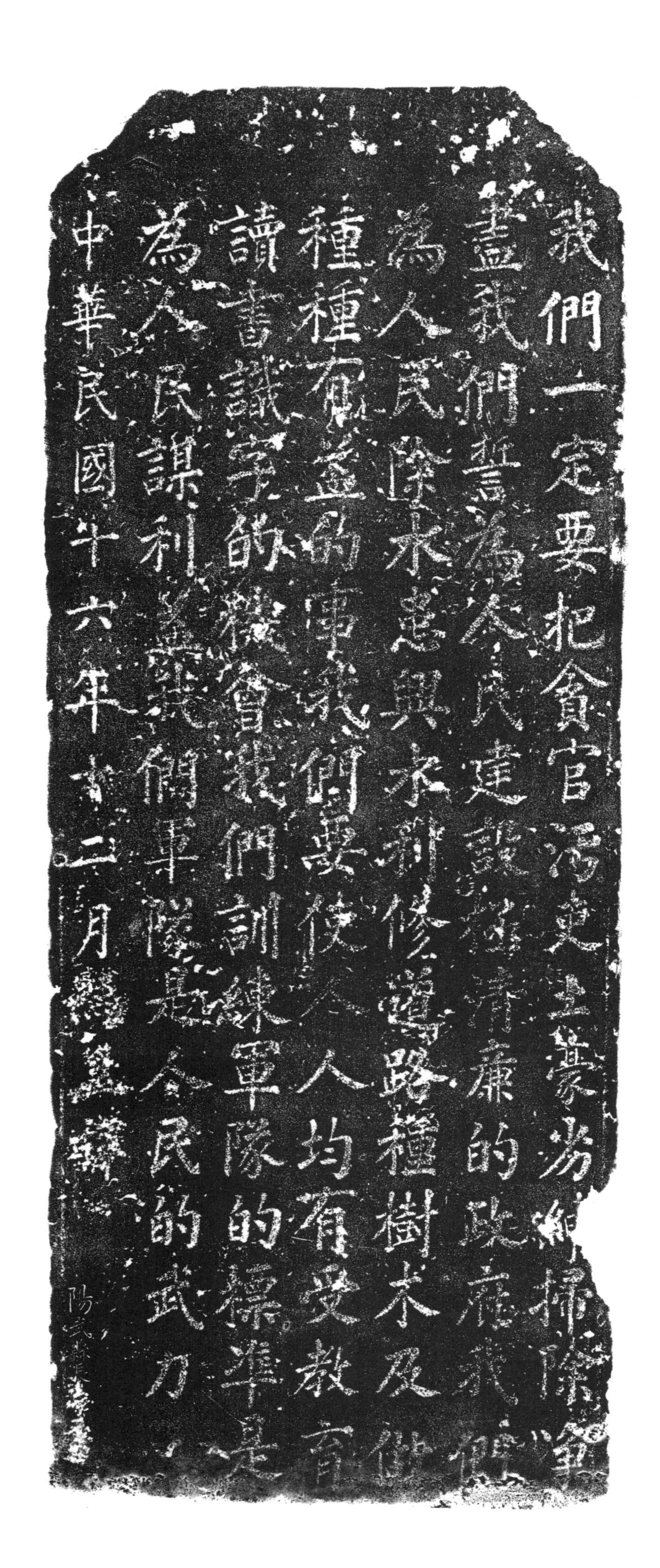

我們一定要把貪官污吏土豪劣紳掃除淨
盡我們誓為全民建設極清廉的政府我們
為人民除水患與水利修道路種樹木及做
種種有益的事我們要使人人均有受教育
讀書識字的機會我們訓練軍隊的標準是
為人民謀利益我們軍隊是全民的武力
中華民國十六年十二月馮玉祥
陽武

663. 馮玉祥誓詞碑

立石年代：民國十六年（1927 年）
原石尺寸：高 164 厘米，寬 64 厘米
石存地點：新鄉市原陽縣

我們一定要把貪官污吏、土豪劣紳掃除净盡。我們誓爲人民建設極清廉的政府。我們爲人民除水患、興水利、修道路、種樹木，及做種種有益的事。我們要使人人均有受教育、讀書識字的機會。我們訓練軍隊的標準是爲人民謀利益，我們軍隊是人民的武力。

中華民國十六年十二月馮玉祥。

陽武縣長□□□。

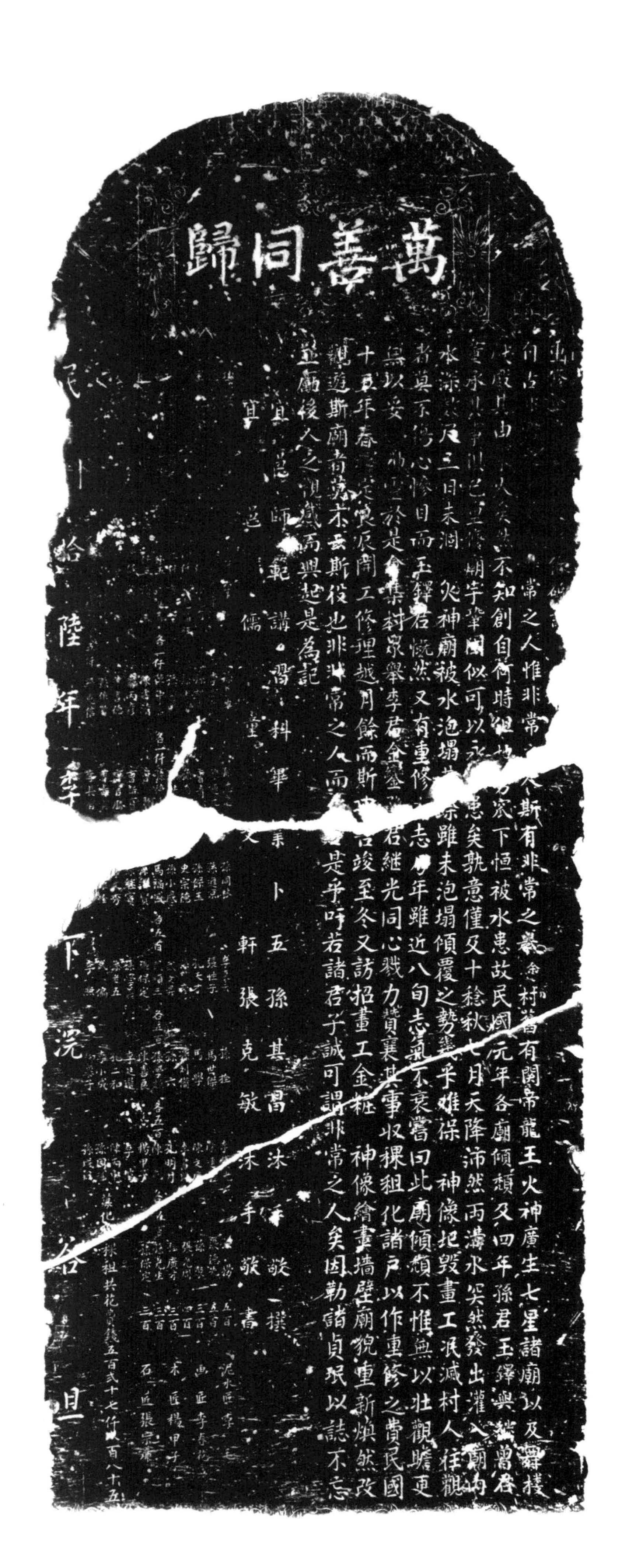

664. 重修全廟金妝神像碑記

立石年代：民國十六年（1927年）
原石尺寸：高178厘米，寬64厘米
石存地點：洛陽市宜陽縣香鹿山鎮龍王村龍王廟

〔碑額〕：萬善同歸

重修……像碑□

自古非□之□，□□□常之人；惟非常□人，斯有非常之舉。余村舊有關帝、龍王、火神、廣生、七星諸廟，以及舞樓、□殿，其由□□矣，然不知創自何時。但地□窊下，恒被水患，故民國元年，各廟傾頹。及四年，孫君玉鐸與繼曾君董承其事，俱已重修，廟宇鞏固，似可以永□患矣。孰意僅及十稔秋七月，天降沛然，兩溝水突然發出，灌入廟内，水深數尺，三日未涸。火神廟被水泡塌，□□雖未泡塌，傾覆之勢，幾乎難保，神像圮毁，畫工泯滅，村人往觀者，莫不傷心慘目。而玉鐸君慨然又有重修□志，□年雖近八旬，志氣不衰。嘗曰："此廟傾頹，不惟無以壯觀瞻，更無以妥神靈。"於是，會集村衆，舉李君金鑾、□君繼光，同心勠力，贊襄其事。收稞租、化諸户，以作重修之費。民國十五年春，□定良辰，開工修理，越月餘而斯□□竣。至冬，又訪招畫工，金妝神像、繪畫墻壁，廟貌重新，焕然改觀。游斯廟者，莫不云：斯役也，非非常之人，而□□是乎。吁！若諸君子，誠可謂非常之人矣。因勒諸貞珉，以誌不忘，并勵後人之觀感而興起。是爲記。

宜邑師範講習科畢業卜五孫其昌沐手敬撰，宜邑儒童文軒張克敏沐手敬書。

（以下碑文漫漶不清，略而不録）

募化□稞租共花費錢五百貳十七仟八百八十五。

泥水匠：李毛。畫匠：李春花。木匠：楊甲子。石匠：張宗廉。

民□拾陸年季□下浣谷旦。

萬世永賴
大中華民國十七年仲秋月上旬
穀旦

665. 里和堡創開興龍渠碑文

立石年代：民國十七年（1928 年）
原石尺寸：高 157 厘米，寬 63 厘米
石存地點：洛陽市欒川縣文管所

〔碑額〕：萬世永賴

里和堡創開興龍渠碑文

昔先王制：民之産也，一畝之田有甽，九夫之井有溝。他若成之洫、同之澮，孰謂非正疆界以備旱澇哉！降及後代，暴君污吏惡其害己也，遂慢其經界，而旱涝之禍，所在皆有矣。如鎮西里和保，地稱膏腴，惟向無水道，而見苦於天灾者，不可以屈指計。民國七年戊午，張君福謙爲吾欒里長，因梅雨之愆期，審該保之地勢，知决伊可以遍野，遂偕駐欒軍隊連長尚得勝，邀同該保村正副潘永福，與已故馮永貞、民連長崔萬青等而開鑿焉。兹渠起於榮灣潭邊，終於牛王廟石橋，蜿蜒千有餘丈，灌溉八百餘畝，一時人民無不稱善。嗣後，陰陽調和，人皆貪目前之利，乃群起而毁之。至癸亥夏，旱魃復虐，里長楊君先炳、傅君國棟，痛斯渠之無常、民害之如故，復邀村正潘永福等踵而修之。又謀深慮遠，不惟婉勸灌田各户捐資，將該渠買爲公有，更擬集思廣益、繕定章程，俾後有所遵循。孰意事未告成，而有□匪之乱，因噎廢食，遽形中止。至戊辰夏，灾同戊午，里長傅君啟瑞暨事務總所諸執事關君興邦、湯君之鑒、龐君永清、楊君培殿、傅君國鴻、□君天□等，洞悉該渠連年廢壞之由，除邀同該保村正潘世華等復爲經營、竭力以終前人之志外，又令該保選嚴翼之士爲渠長，經理一切事宜，執行善後章程。則事有專責，庶變不復生。行見渠之經地，如日月之□天，旱澇均獲利益，豐歉民無菜色。是渠也，儼然一古之甽澮溝洫也，非復向日癸亥、戊午之渠也。語云：善始者貴於善終，善作者又貴善成。吾於傅、關等諸君亦云所有□例，爰載碑陰。

豫西師範校畢業國民學校教員關樹亭書丹。

豫西師範校畢業南區教育委員常青田撰文。

李全聲贈上清口段，坐落榮灣溝下□兩岸，下至□邊。常世禄贈中等渠地一節，上至李姓地界，下至□姓地界。傅靖邦贈三等渠地一節，上至楊姓地界，下至高姓地界。安守堂贈中等渠地一節，上至張姓地界，下至李姓地界。李茂成贈中等渠地一節，上至許姓地界，下至李姓地界。四合堂贈三等渠地一節，上至大渠地界，下至楊姓地界。内有高姓商渠，一遵行商灌田，不許典當；天旱灌田，水缺不准行商。崔發成贈上清□二等地一節，上至榮灣潭大河北邊，下至高姓，買到李姓地界。高文興贈三等渠地一節，上至付姓地界，下至熊姓地界。李起有贈中等地□渠一節，坐落李家村南巷路西，上至大路旁大渠，下至常姓地界。謝蘭香、□泰法同贈二等□□渠一道，上至□義地東邊大路南兩姓地界，北至該地中節灣轉向東，所經地段，不許阻當。趙書台贈□□地基一區。熊老章、熊老來同贈三等渠地一節，上至高姓，下至賀姓。

諸首事：昝永平、鄭義仁、福興成、傅國正、崔長海、孫振家、王國平、金繼杬、馬龍圖、金□□、□同仁、馬清廉、潘文祥、馬德潤、劉忠成、李□□、□□俊、高悦禄、崔□□、高愛云、賈賜奇、崔長正、趙清法、吴書文、李□中、潘文正、吴書魁、聶明福、李向陽、余守云。

同立。

大中華民國十七年仲秋月上旬穀旦。

馮泉亭

666-1. 馮泉亭碑（碑陽）

立石年代：民國十七年（1928 年）
原石尺寸：高 190 厘米，寬 68 厘米
石存地點：新鄉市輝縣市百泉風景區

馮泉亭

馮泉亭記

斯亭胡為而作？著輝人意也。輝人胡為而有斯意？紀馮公德也。馮公胡有德於輝人而築亭以為之記？曰：出師以龕國難，鑿泉以利農功，事出崎嶇萬難，上下交困之閒，卒乃各庀於成，則遠為國慶，近為邑德，輝人之衢歌巷頌，庀村鳩工，鼓舞於不自已也宜哉。輝之有百泉，出於蘇門山麓，流為衛河，以通漕運，設六閘於上游，閘其水引渠灌田數百千頃，由來久矣。今歲春，天酷旱，泉水大減，巢縣馮煥章總司令駐節新鄉，督師北伐，當事者慮餉道梗而軍事危，命盡啟其閘放水以濟運。時方蓄水植稻，果閘啟水下而稻將枯，然以軍事之不容已也，輝人則亦唯命。公聞而止，爲己而北伐告捷，公亦以勞致疾，說息於泉之清暉閣。於是時也，四顧徘徊，悅夫山水之清淑，名勝之相輝，注想先賢樂道講學之餘韻流風，可嘉美也，則命翦其荒穢，葺其殘圮，闢為公園，以與民偕樂。復進輝之父老子弟，以詢疾苦，知水利之宜暢行，則又命闢泉於其北端，引而西，廣三丈，袤將十倍。公去西閣月，事竣，得大泉四五，小泉不可僂指數，水淼淼出，是歲藉茲灌田，又占有秋。輝人大歡曰：茲利也，實出公賜，當與吾邑[illegible]無窮，不可不有紀。是築亭之役所由起。亭成，余以事來此，邑之寔紳環述顛末而屬余為記。余聞而歎曰：嗟夫！方軍興民困，春旱草枯，一旦啟閘放水之命下，輝之人豈不奔走惶汗，慮奪其水以病農哉？然卒從命，及見公蒞此，深有念夫林泉之美，將以保名勝、繼遺風，以興水利也，則又相與贊助以竟公功，豈非所謂憂民憂而民亦憂其憂，樂民樂而民亦樂其樂者歟？本斯志推廣之，上下交孚，豈特利被一邑而已哉？余登斯亭而遐矚，背山而流，左挹嘯臺，右攬峻嶺，廿泉、程泉、工亭分峙於前，與公亭鼎立而三，隔岸為[illegible]，指天蘇圃補其隙，炊烟一縷，掩暎於青林白水間，其下節舍數園，則邵堯夫之裔所居，遺風猶在。昔人謂天地之氣始於西北而盛於東南，公之亭適居百泉西北，輝又居豫之西北，公以水利利豫人，實發軔於此，其盛固可卜焉。其奉命承諸役者：濬泉渠則水利局長劉君清明、建設局長白君長隆；闢公園始則王君玉堂，繼則王君嘉樂；至督理全功，又徇邑人之請築斯亭於山麓者，則縣長劉君永亨也。是為記。

太城梁建章譔文

邑人邢汝[illegible]書丹

中華民國十有七年九月日

666-2. 馮泉亭碑（碑陰）

立石年代：民國十七年（1928 年）
原石尺寸：高 190 厘米，寬 68 厘米
石存地點：新鄉市輝縣市百泉風景區

馮泉亭記

斯亭胡爲而作？着輝人意也。輝人胡爲而有斯意？紀馮公德也。馮公胡有德於輝人，而築亭以爲之記？曰：出師以龕國難，鑿泉以利農功，事出崎嶇萬難、上下交困之間，卒乃各底於成，則遠爲國慶，近爲邑德。輝人之衢歌巷頌，庀材鳩工，鼓舞於不自已也，宜哉！輝之有百泉，出於蘇門山麓，流爲衛河，以通漕運。設六閘於上游，闕其水，引渠灌溉田數百千頃，由来久矣。今歲春，天酷旱，泉水大減，巢縣馮焕章總司令駐節新鄉，督師北伐，當事者慮餉道梗而軍事危，命盡啓其閘放水以濟運。時方藉水植稻果，閘啓水下，而稻將枯。然以軍事之不容已也，輝人則亦唯命，公聞而止焉。已而北伐告捷，公亦以勞致疾，就息於泉之清暉閣。於是時也，四顧徘徊，悦夫山水之清淑，名勝之相輝，往哲先賢樂道講學之餘韻流風，可嘉美也。則命翦其荒穢，葺其殘圮，闢爲公園，以與民偕樂。復進輝之父老子弟以詢疾苦，知水利之宜暢行。則又命闢泉於其北端，引而西，廣三丈，袤將十倍。公去兩閱月事竣，得大泉四五，小泉不可僂指數。水瀰瀰出，是歲藉兹灌田，又占有秋。輝人大歡曰：兹利也，實出公賜，當與吾邑爲無窮，不可不有紀。是築亭之役所由起。亭成，余以事未此，邑之官紳環述顛末，而属余爲記。余聞而嘆曰：嗟夫！方軍興民困，春旱草枯，一旦啓閘放水之命下，輝之人豈不奔走惶汗，慮奪其水以病農哉。然率從命，及見公莅此，深有念夫林泉之美，將以保名勝、繼遺風，以興水利也。則又相與贊助，以竟公功，豈非所謂憂民憂，而民亦憂其憂，樂民樂，而民亦樂其樂者歟。本斯志推廣之，上下交孚，豈特利被一邑而已哉。余登斯亭而遐矚，背山面流，左揖嘯臺，右攬峻嶺，甘泉、程泉二亭分峙於前，與公亭鼎立而三。隔岸喬□指天，蔬園補其隙，炊烟一縷，掩映於青林白水間。其下苑舍数團，則邵堯夫之裔所居，遺風猶在。昔人謂天地之氣，始於西北，而盛於東南。公之亭適居百泉西北，輝又居豫之西北，公以水利利豫人，實發軔於此，其盛固可卜焉。其奉命承諸役者浚泉渠，則水利局長劉君清明、建設局長白君長隆。闢公園始則王君玉堂，繼則王君嘉樂。至督理全功，又徇邑人之請，築斯亭於山麓者，則縣長劉君永亨也。是爲記。

大城梁建章撰文，邑人邢汝□書丹。

中華民國十有七年九月日。

民國

667. 省莊村創修後洞水池碑記

立石年代：民國十八年（1929 年）
原石尺寸：高 133 厘米，寬 52 厘米
石存地點：洛陽市偃師區邙嶺鎮省莊村

〔碑額〕：民國

□莊村南嶺有十洞焉，名曰“后洞”，歷有年所。自民国迄至於今，其間有善士諸公□裕等，并及信氏樂善好施之人，念及地居山嶺，臨渴而不能□井，於斯鑿池以救濟之；臨熱而不能避暑，於斯□厦以遮盖之。若此人者，不多覯矣。恐功德弗彰，世遠年湮，爰立碑記，傳流後世，以彰厥德云。

功德主及施錢人開列于後。

（以下漫漶不清，略而不録）

中華民國十八年陰曆十一月谷旦。

創修安樂橋碑記

為政在人至聖垂訓行切民生總理遺言良以徒善不足以為政徒法不能以自行欲起久經衰廢之政立萬[illegible]新

民之業非有人力斡旋其間則功難期於有成獲嘉邑東北鄙毋河上舊有木橋一座界輝獲之邊境為南北之

通衢奈年久失修行者患之橋近安村安村人知之甚悉睹善政之衰廢恐不利於民行僉欲利用廢物以

公濟公挪用九空橋北濟西莊南之廢石橋石料從事修補以惠行旅乃公推張海峻等為代表呈

河南建設廳蒙批洛省道辦事處派委韓定國履勘明確准予挪用前縣長　王俊傑督同建設將廢橋

移用嗣經建設局長楊寶善區長樊仲甫募貲襄助村長張長松杜長泰督工監修自十八年二月經始至四月

落成溯此橋之竣事固成於各方襄助而安村之力尤多除工人不計外共添石料四百餘車欄杆十八塊[illegible]萬餘[illegible]

而該村張懷新年近古稀工作兩月勞瘁不辭其餘工作之努力可想而知五月　張公嶠波長獲嘉甫下車即為

催款上捐不遺餘力建設廳長張據建設局請給杜長泰張長松三等獎狀彰其賢勞六月橋之各種手續均清村

人念昔時之危險覺今日之坦平飲水思源僉欲立碑以作紀念議成求文於余余不學無文然對此[illegible]亦未

便以不文辭謹將此橋之始末拉雜記之借以垂諸久[illegible]之好善者勸

668. 創修安樂橋碑記

立石年代：民國十八年（1929 年）
原石尺寸：高 142 厘米，寬 52 厘米
石存地點：新鄉市獲嘉縣照鏡鎮安村北

創修安樂橋碑記

爲政在人，至聖垂訓，行切民生，總理遺言。良以徒善不足以爲政，徒法不能以自行，欲起久經衰廢之政，立萬世利民之業，非有人力幹旋其間，則功難期於有成。獲邑東北鄙丹河上，舊有木橋一座，界輝、獲之邊境，爲南北之通衢。奈年久失修，行者患之。橋近安村，安村人知之甚悉，睹善政之衰廢，恐不利於民行，僉欲利用廢物，以公濟公，挪用九空橋北溝西莊南之廢石橋石料，從事修補，以惠行旅。乃公推張海峻等爲代表，呈河南建設廳蒙批，咨省道辦事處，派委韓定國履勘明確，准予挪用。前縣長王俊傑督同建設局，將廢橋移用。嗣經建設局長楊寶善、區長樊仲甫募資襄助，村長張長松、杜長泰督工監修。自十八年二月經始，至四月落成。溯此橋之竣，事固成於各方襄助，而安村之力尤多，除工人不計外，共添石料四百餘車，欄杆十八塊，灰三萬餘觔。而該村張懷新年近古稀，工作兩月，勞瘁不辭其餘，工作之努力可想而知。五月，張公峋波長獲嘉，甫下車，即爲催款上捐，不遺餘力。建設廳長張據建設局請，各給杜長泰、張長松三等奬狀，彰其賢勞。六月，橋之各種手續均清。村人念昔時之危險，覺今日之坦平，飲水思源，僉欲立碑以作紀念。議成，求文於余，余不學無文，然對此義舉，亦未便以不文辭，謹將此橋之始末，拉雜記之，借以垂諸久遠，而爲後之好善者勸。

百代

重修樂善橋碑記

傳曰人性皆善故樂善之心如石中火觸之則發如地下泉開之即通以觀是橋之建而知今昔之同心矣蓋橋之基創於

成於後歲庚午春石君增高等承其母張太孺人志捐金重修繕完此橋而鄉衆之我車我牛運石築土踴躍以從事者非

泉達乎是雖施財施力之不同而同歸於樂善橋之名有以也迄今厥工告竣張太孺人之善既表於碩珉而鄉衆之功亦

沒也謹勒石以誌並垂於不朽云

中華民國十九年歲次庚午仲夏之月　吉日

閻村　仝立

669. 重修樂善橋碑記

立石年代：民國十九年（1930年）
原石尺寸：高137厘米，寬64厘米
石存地點：洛陽市偃師區邙嶺鎮東蔡莊村

〔碑額〕：□□百代

重修樂善橋碑記

傳曰人性皆善，故樂善之心，如石中火觸之則發，如地下泉開之即通。以觀是橋之建而知今昔之同心矣。盖橋之基創於□成於後。歲庚午春，石君增高等承其母張太孺人志，捐金重修，繕完此橋，而鄉衆之我車我牛運石築土，踴躍以從事者，非□泉達乎？是雖施財施力之不同，而同歸於樂善橋之名有以也。迄今厥工告竣，張太孺人之善既表於貞珉，而鄉衆之功亦□不没也。謹勒石以誌，并垂於不朽云。

首事人：石西、韓應恩、韓克義、石會文、劉俊德、陸清和、王□□、韓自壽、劉子俊、李寬安。石增高捐工十八個。石景春、石福□、石辰，以上各捐工九個。韓克仁、杜瑞、劉壽雲，以上各捐工八個。韓應恩、劉景德、鄧四□，以上各捐工七個。石西崙、劉俊德、韓克義，以上各捐工六個。孫鳳義、王丙午、石五常、于康、石德淵、馬松林、石四鈞、蘭興仁、韓自平、張温良、馬海義、李德泰、石周□、王斌、蘭福寅、孫完、孫克良、□□□、李□興、□□□、於振清、韓鳳林，以上各捐工六個。劉繼孔、韓□俊、石璧如，以上各捐工五個。劉敬軒、石永運、石瑜如、石□如、韓永保、蘭興義、于瑞、韓□、石□、韓路、□□□、王登康、王□□、石敬軒，以上各捐工四個。石會遠、王廷珍、韓自静、石□如、蘭興信、□□□、石敬□、石福新、石西墉，以上各捐工三個。王□山、馬雲廉、丁盈、趙金聚、李呈錦、石□□、石復禮、王西成、王鐵鎖、王鴻鎖、李裕、韓□□、石根，以上各捐工三個。石□□、石□□、石□□、李福□、趙□禄、杜南方、石三益、韓天成、石銀□、韓□□、臧庚新、韓自新、王□海、李向和、韓天仁、李□□、石景魁、石雙印、傅月亭、石銀□、劉承錦、□□□、杜松山、韓修道、石六順、石玉柱，以上各捐工二個。劉同春、陳遵會、王金□、石□□、韓西□、韓□信、李鳳林、石庚申、石金良、王金聲、石振鐸、李丙□、劉廷傑、韓自動、韓自治、李福傑、蘭興智、韓銀水、王□□、石□□、石六仁、韓自珍、□□□、□□□、□□□、韓景榮，以上各捐工二個。王孤朵、宋逢午、石西懷、李清魁、劉江水、孫□□、李正泰、□□□、韓□□、韓□□、王耀清、李□□、杜未、臧□、王□福、臧光印、李明書、王士城、韓福禄、趙全林、石□鎖、石□、李□工、韓建立、韓□松，以上各捐工二個。石柱、韓可信、孫萬鎰、李信、馬六福、李清泰、石□青、石保住、于寅、於同寅、劉建寅、韓建良、王同興、石新芳、王金喜、石德彦、王會成、臧忠、□□□、韓普、韓自修、馬三福、王□□、丁□根、王海□，以上各捐工一個。石金旺、臧斌、王□、石金石、劉長春、王景仙、劉金水、陸恒安、馬四信、王□□、馬四仁、李連□、于牛子、石西周、韓棠、馬俊、石焕、石西正、石五印、石西均、石得水、李□□、王木成、王金水、李同聚，以上各捐工一個。李會連、王文魁、韓□□、孫□長、韓鋒、韓□□、韓同福、石同玉、李綱、石保定、王天成、李聚、韓虎臣、石萬鐘、石景文、石大春、於寅醜、王文興、石金六、李中倉、石得意、王□□、石□□、劉保田。

地保：李聚秀。

石匠：馬□□、韓□□、□□□、□□□、□□□、□□□、王□海、王江海、馬林□。

中華民國十九年歲次庚午仲夏之月吉日。

闔村同立。

重修樂善橋碑記

傳曰人性皆善故樂善之心如石中火觸之則發如地下泉開之即通以[illegible]

成於後歲庚午春石君增高等承其母張太孺人志捐金重修繕完此橋

泉達乎是雖施財施力之不同而同歸於樂善橋之名有以也迄今厥工

沒也謹勒石以誌並垂於不朽云

《重修樂善橋碑記》拓片局部

中央最高法院判决恢復雲溪永清永利思迴永新等渠碑記

銀河發源於丞洞子溝而東會於伊山泉細流晝夜不舍其間有雲溪永清永利思迴永新等渠[illegible]數十
嘉年間舊有碑記此天然利權數百年来未有侵奪者戊辰己巳連年酷旱坡頭寨垂涎水利私開新渠擅以
人力強取自北而南灌田僅百餘畝活人僅數十户以害善衆致令數村膏腴盡為赤地萬餘生靈[illegible]枵腹此
固天理之所不容人心之所共憤也渠長等呈訴平等縣縣政府縣長周和平判决兩造均不服時維民國廿
年三月也四月初渠長等呈訴高等法院傳案訊究伊[illegible]到庭審判長李缺席判决主文云被控人所
掘新渠水口應即堵塞永遠不准用銀河之水灌田伊以銀[illegible]不服審判長李傳案復訊判决[illegible]伊
又不服聲明上訴十九年八月鄭呈最高法院渠長等據理答辯審判長林判决仍如主文伊至此[illegible]水盡
無所控告矣廿十年三月公文到縣縣長任榮任新邑関心民瘼五月初率各村民衆平渠扒堰源泉家[illegible]
由舊道矣自[illegible]以往遂汝羅[illegible]舊例千秋萬歲鐵案無移嗣後容有巧於播弄者尾[illegible]無可[illegible]是錄
河[illegible]判决賜之法院保存之[illegible]長恢復之也是為記

伊濱居士廉卿王寅清撰文
坤亭禔金乾書丹

經南京最高法院　審判長林翔　推事劉壽廷　推事洪文淵　推事劉鍾英　推事宋潤之　書記官冠文[illegible]

河南[illegible]高等法院　書記官郭鳴玉　審判長李祖慶　推事張[illegible]　推事宋觀[illegible]

平等縣縣長任　俠全判决

渠長　[illegible]

中華民國[illegible]年仲夏之月[illegible]

670. 中央最高法院判决恢復雲溪永清永利馬迴永新等渠碑記

立石年代：民國二十年（1931 年）
原石尺寸：高 168 厘米，寬 69 厘米
石存地點：洛陽市伊川縣高山鎮穆店村

〔碑額〕：永遠不朽

中央最高法院判决恢復雲溪永清永利馬迴永新等渠碑記

銀河發源於小洞子溝，而東會於伊，山泉細流，晝夜不舍。其間有雲溪、永清、永利、馬迴、永新等渠，灌田數十頃。□嘉年間，舊有碑記。此天然利權，數百年来未有侵奪者。戊辰己巳，連年酷旱，坡頭寨垂涎水利，私開新渠，築堰八尺許，强水自北而南，灌田僅百餘畝，活人僅數十户，以寡害衆，致令數村膏腴盡爲赤地，萬餘生靈悉形枵腹。此固天理之所不容，人心之所共憤也。渠長等呈訴平等縣縣政府，縣長周和平判决，两造均不服，時在民國十八年三月也。四月初，渠長等呈訴高等法院，傳案訊究，伊抗不到庭，審判長李缺席判决，主文云："被控告人所掘新渠，水口應即堵塞，永遠不准用銀河之水灌田。"伊以缺席爲辭不服，審判長李傳案復訊，判决如主文。伊又不服，聲明上訴。十九年八月，郵呈最高法院，渠長等據理答辯，審判長林判决，仍如主文。伊至此山窮水盡，無所控告矣。二十年三月，公文到縣，縣長任榮任新邑，關心民瘼，五月初，率各村民衆平渠扒堰，源泉滚滚，率由舊道矣。至此以往，逐次灌田，原照舊例。千秋萬歲，鐵案無移。嗣後容有巧於播弄者，片石矗矗，無可置喙。是銀河水利，天賜之、法院保存之、任縣長恢復之也。是爲記。

伊濱居士廉卿王寅清撰文。

坤亭穆金乾書丹。

經南京最高法院審判長林翔、推事劉壽蓮、推事洪文瀾、推事劉鐘英、推事宋潤之、書記官寇文啟；河南省高等法院書記官郭鳴玉、審判長李祖慶、推事張峻顯、推事柴覲宸；平等縣縣長任俠同判决。

□首：穆福照。

渠長：穆鵬□、穆樂道、穆忠仁、喬雲青、喬忠信、穆鼎九。

同立。

中華民國二十年仲夏之月上旬穀旦。

洛陽夾河水災振務紀念碑記

自洛陽畫分區治惟四區境界天然南伊北洛名曰夾河予生斯長斯今已三十餘年身立所及蠲伊洛歲為民患要未若二十年夏災之甚者平地洪波深達丈餘田禾邨廬盡付東流據李調查員會州云今歲中國水災以漢口為最然以此衡彼有過之無不及者徒以地處鄉僻顯達無人故其災況湮於上聞耳是歲也予主區部記室水落之後卽促區長李之斌赴城報災洛振分會長楊恭齋副會長葉介亭籌措麵粉一百五十袋洋五百圓用救眉急予廼與段潤齋王玉昊康誠齋黃繼倉張永言黃勳岑等痛定思痛為災民請命凡各政府各慈善團莫不電呈交上而洛振分會亦籲請不遑餘力遂蒙河南民政廳長張公伯英轉請急振洋一萬圓檢派孔畢兩委員指振前來復蒙駐鄭河南振務專員楊公子功奉國府救濟會朱子橋先生之命撥予振麥十餘萬斤暨設粥場于金鐘寺給米四萬斤令葉君景祥司其事而以朱君維亮俠助之者予與之斌誠齋等又呈請益之蒙增振麥二萬斤並請中國紅十字會維陽分會振錢千貫遣劉醫士沿邨施藥以治民疾及請轉請救濟會發給振衣單綿一千餘襲蠲於夾河災民不能人人溫飽然老稚不至轉於溝壑者要皆各政府各慈善團發政施仁有以救之也或者謂是振也在區西部初無過問者而以十分之二分與之無廼不可乎予曰吾君子愛物之心固不問親疏而聖人仁民之念亦豈判畛域哉斤斤於物致拘拘於此彼則是淺丈夫之行要為仁者之所不取或者唯唯而退予爰因區人之請書其事於石俾後人知所觀感云

蘊齋朱光輝撰文並書丹

冀廷許慶祥篆額

鐵筆孫琉華刻石

671. 洛陽夾河水灾振務紀念碑記

立石年代：民國二十年（1931 年）
原石尺寸：高 160 厘米，寬 64 厘米
石存地點：洛陽市偃師區偃師博物館

洛陽夾河水灾振務紀念碑記

自洛陽畫分區治，惟四區境界天然，南伊北洛，名曰夾河。予生斯長斯，今已三十餘年。身世所及，雖伊洛歲爲民患，要未若二十年夏灾之甚者。平地洪波深達丈餘，田禾村廬盡付東流。據李調查員會川云："今歲中國水灾以漢口爲最，然以此衡彼，有過之無不及者。徒以地處鄉僻，顯達無人，故其灾况壅於上聞耳。"是歲也，予主區部記室，水落之後，即促區長李之斌赴城報灾，洛振分會長楊恭齋、副會長葉丹亭籌措麵粉一百五十袋、洋五百圓，用救眉急。予乃與段潤齋、王玉如、康誠齋、黄繼倉、張永言、黄勛岑等，痛定思痛，爲灾氓請命。凡各政府、各慈善團莫不電呈交上。而洛振分會亦籲請不遺餘力。遂蒙河南民政廳長張公伯英轉請急振洋一萬圓，檢派孔、畢兩委員指振前來。復蒙駐鄭河南振務專員楊公子功，奉國府救濟會朱子橋先生之命，撥予振麥十餘萬斤，暨設粥場于金鐘寺，給米四萬斤，令葉君景祥司其事，而以朱君維元佽助之者。予與之斌、誠齋等又呈請益之，蒙增振麥二萬斤，并請中國紅十字會雒陽分會振錢千貫，遣劉醫士沿村施藥，以治民疾，及請轉請救濟會發給振衣單綿一千餘襲。雖於夾河灾氓不能人人温飽，然老稚不至轉於溝壑者，要皆各政府、各慈善團發政施仁，有以救之也。或者謂是振也，在區西部初無過問者，而以十分之二分與之，無乃不可乎？予曰："否！君子愛物之心固不問親疏，而聖人仁民之念亦豈判畛域？若斤斤於物我，拘拘於此彼，則是淺丈夫之行。要爲仁者之所不取。"或者唯唯而退。予爰因區人之請，書其事於石，俾後人知所觀感云。

蘊齋朱光輝撰文并書丹。

虞廷許慶祥篆額。

鐵筆孫毓華刻。

錄善
創修龍母廟碑記

672. 創修龍母廟碑記

立石年代：民國二十一年（1932年）

原石尺寸：高164厘米，寬67厘米

石存地點：安陽市林州市河順鎮河順村天堂山白龍廟

〔碑額〕：録善

創修龍母庙碑記

龍母之神，荒杳難稽，不知始自何時，亦不詳其姓字。第以父老相傳，祇曰龍母。余亦難以究其詳焉。大概以其爲龍神之母，因以爲號也。偶於民國二十一年三月間，六庄河灣村刘未氏者，披神傳説曰：吾乃龍母神也，因世道衰乱，灾殃并生，降臨於此，以濟兹土之衆。斯時也，求藥者服之即愈，禱雨者随降甘霖，灵顯昭彰，有求必應。而四鄉之進香獻供者，往來不絶；上香資者，亦□日而有。因此，而六庄河灣村刘玉祥者，陡起立庙善念，會衆協議，始卜立庙之地焉。六庄北部大□唐□□翠，上出重霄，山端之陽有古洞，舊名白龍洞，此山亦因名之曰白龍洞也。洞之外左有白龍庙，右有歌舞臺，前臨深山數百仞，後依高崖数十尋，中央平坦，南北僅能容丈。以其地雄勝健，庙於其間，以報龍母之盛德也。登觀之頃，萬相森列，千載之秘，一旦軒露，豈非天造地設，以俟龍母之降臨，而開千百年之偉觀者也。但工成浩大，香資不補，按户捐資，募化十方，鳩工庀材，不数日而厥功告竣。堂構輝煌，金碧耀彩，神像與日月同光，庙貌共山嵐一色。雖曰人力，豈非神功之默助哉！余不善爲文，辭不獲命，俚言叙之，勒石以垂不朽云。

社首刘玉祥捐錢十千文，總理：宋全□、刘清□捐洋五元。管事：張發旺捐洋十元，刘金堂捐洋六元，李永全捐洋五元，刘升堂捐洋二元，王啟文捐洋二元，王啟敬捐洋二元，崔來付捐洋一元，李永又捐錢五千文，馬九州捐錢四千文，韓玉坤捐洋二元，刘清付捐洋二元，李永庫捐洋二元，馬九合捐洋一元，馬九堂捐洋二元，馬炳文捐洋二元，馬玉秀捐洋二元，申保安捐洋二元，韓金安捐洋二元。

師範畢業申德宣撰文，業儒王道明書丹，刻石刘玉榮。

中華民國二十一年歲次壬申季冬之月上浣穀旦。

民國三十二年
懷禹
濬令李樹德題

673. 懷禹碑

立石年代：民國二十一年（1932 年）
原石尺寸：高 85 厘米，寬 170 厘米
石存地點：鶴壁市浚縣大伾山霞隱山莊

懷禹。
浚令李樹德題。
民國二十一年。

黑龍王廟改建平民學校碑記

蓋時代有此彼之別，而公共建築應合社會需求者無待言矣。洲南七里許舊有黑龍王廟一所，蓋最昔週圍數村所共修也。代遠年湮，墻壁坍圮，廟貌傾突，行人經此，為之慨焉。乃有王清廷、王成道等不忍睹此慘狀，爰集四方義士之資，重事修葺，山門改築兩廟，創修並銘其門額曰平民學校。嗣後實事求是，斯方文化容有賴焉。值此大功告竣，邀余作序。余今歲設教斯方，頗亦能為之序，聊識不朽云。

首事 賈百升 秦占圖 任天保

民國二十二年二月 立

674. 黑龍王廟改建平民學校碑記

立石年代：民國二十二年（1933年）
原石尺寸：高144厘米，寬51厘米
石存地點：焦作市沁陽市城關鎮甄莊村黑龍王廟

〔碑額〕：慈善紀念

黑龍王廟改建平民學校碑記

蓋時代有此彼之别，而公共建築應合社會需求者無待言矣。沁南七里許舊有黑龍王廟一所，蓋曩者周圍數村所共修也。代遠年湮，墻壁坍圮，廟貌傾突，行人經此，爲之慨焉。乃有王永成、褚廷萱等不忍睹此慘狀，爰集四方義士之資重事修葺，山門改築，两厢創修并銘其門額曰“平民學校”。嗣後實事求是，斯方文化，容有賴焉。值此大功告竣，邀余作序。余今歲設教斯方，頗亦能爲之序，聊識不朽云。

閆湖□撰文，董學□書丹。

總理：王永成，褚廷萱，賈小竹□□林收本利三，共來項大洋一百五十四元，大錢三十二千七百文。收七社布施共錢三百二十六千五百文。以上四，共來項大洋一百五十四元，錢三百五十九千二百文。付木匠工錢大洋九十一元四毛一分，付各等雜項、立碑共花費大洋六十一元五□九分，大錢三百五十九千二百文。以上通共花費大洋一百□十四元，錢三百五十九千二百文。

首事：賈百井，楊彦實，褚勛臣，陳學礼，秦占国，代明新，秦承俊，張存智，任天保，王鳳岐，秦朝運，茹學敏，張恒山，王明順。

□莊頭社：楊□實施錢十千文，□□臣施錢三十千文，褚廷萱施錢二十千文，□□順施錢□千文，□□來錢六千文，楊□□施錢三千文，楊彦芝施錢二千文，褚楊氏施錢三千文，李□□施錢二千文，徐珠施錢二千文，褚王氏施錢一千文，申天福施錢一千文，超怡業施錢一千文，鄒國明施錢一千文，鄒榆樹施錢一千文，張金有施錢一千文。

魯莊二社：賈百升施錢十千文，□丙信施錢五千文，施開萬年錢五千文，武萬福施錢二千文，賈百松施錢二千文，賈來福施錢二千文，武萬順施錢一千文，賈天又施錢一千文，賈來全施錢一千文。

楊莊三社：陳學禮施錢八千文，陳會吉施錢六千文，董金傳施錢二千文，張文華施錢五千文，高之業施錢一千文。

代莊四社：代明新施錢三千文，王廷春施錢二千文，孫東升施錢二千文，王廷喜施錢一千文，代玉福施錢一千文，代生財施錢一千文，張文福施錢一千文，徐長新施錢一千文，王廷順施錢一千文，代玉奇施錢一千文。

關莊五社：王永貴施錢十五千五百文，秦占國施錢十五千文，張存智施錢十二千五百文，秦成俊施錢十二千文，王□堂施錢八千文，張振海施錢十千文，王□生施錢六千文，王中興施錢□千文，延鳳明施錢十千文，秦國蘭施錢五千五百文，□□臣□□□……秦□仁施錢五千五百文，秦□榮□□□……□□□施錢三千文，秦秀□施錢二千文，秦德全施錢二千文，任天保施錢二千文，秦占有施錢二千文，秦□□施錢二千文，王鳳岐施錢二千文，秦振川施錢二千文，刘德仁施錢二千文，刘□民施錢一千文，王鳳全施錢一千文，秦福全施錢一千文，何鳳范施錢一千文，刘興道施錢一千文，何永富施錢一千文，何永祥施錢一千文，趙學敏施錢一千文，王中文施錢一千文，王中華施錢一千文，秦福□施錢一千文，秦占旺施錢一千文，秦明川施錢一千文，秦杰三施錢一千文，秦占朋施錢一千文，李清泉施錢一千文，茹學云施錢一千文，秦朝風施錢一千文，秦張氏施錢一千文，秦占德施錢一千文，王□□施錢一千文。

馬莊六社：郭□氏施錢五千文。

王宅莊七社：張□山施錢十千文，張□有施錢三千文，宋□云施錢三千文，王明順施錢三千文。

木匠：靳永法，刻石：常永讓，住持：申計先。

民國二十二年二月立。

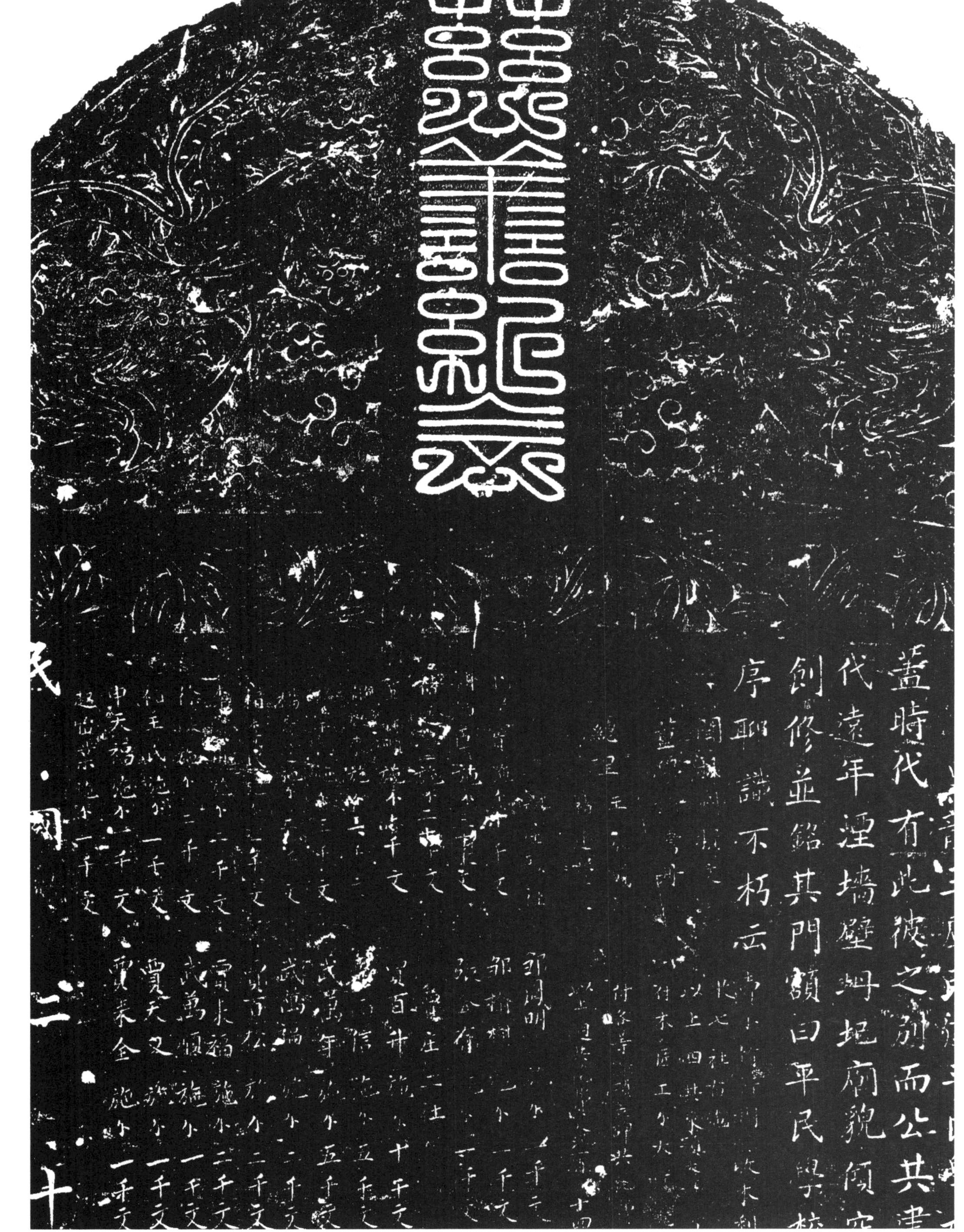

《黑龍王廟改建平民學校碑記》拓片局部

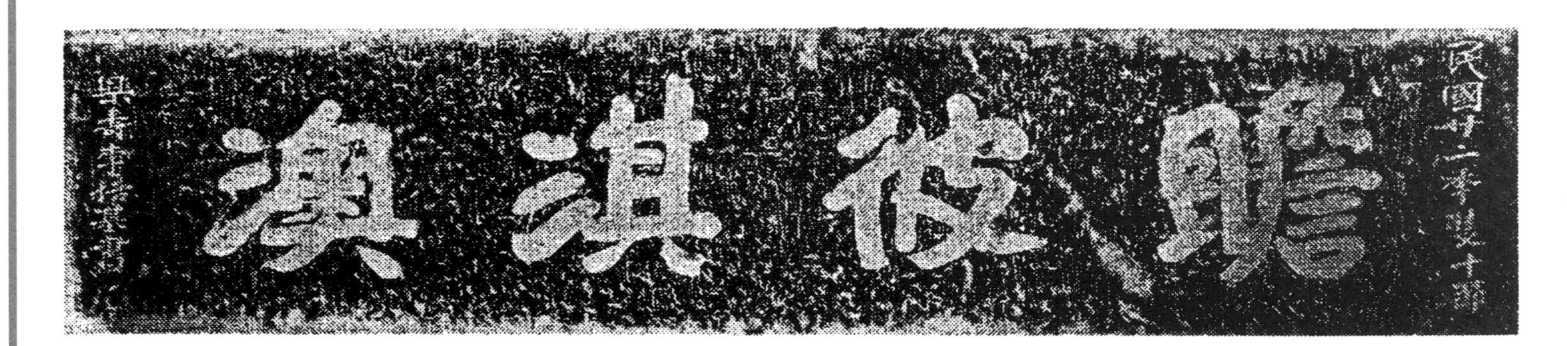
瞻彼淇澳

675. 瞻彼淇澳碑

立石年代：民國二十二年（1933 年）
原石尺寸：高 70 厘米，寬 280 厘米
石存地點：鶴壁市浚縣大伾山霞隱山莊

瞻彼淇澳。
樂壽李培基書。
民國廿二年雙十節。

萬善同歸

南渠河村重修大橋碑記

蓋聞徒杠與梁古有定時修築之規庶人行車始無褰裳濡軌之艱苦我村舊有此橋正當南北之衝因多歷年所淡漬圯壞車馬難行甚是危險余等觸目驚心不忍坐視其欲獨遂合村公同商議按戶捐輸修葺莫不同心努力以成此舉但以工程浩大獨力難成乃向外募化幸賴四方樂善君子各施資財以相幫助成全善事於是庀材鳩工起於二月十三日迄及三月初八日而工告竣嗣後熙往穰來遵道遵路無復險阻之憂也工成俾余為文畧叙其事並將諸公捐資數勒於石以永垂不朽云爾

師範畢業生[illegible]撰文

前清邑庠生張俊橋校閱

河南省立第五職業學校畢業生劉鳳林書丹

西萬鎮鐵筆端永苞

保長師懷良

執事王振河　張玉祿　張俊民　師懷礼　李長滙

楊祖惠　楊祖澄　曹建國　李懷德

楊祖浚　吳懷仁　楊敬忠

工師任建三

中華民國二十二年冬月吉日

衆立

676. 南渠河村重修大橋碑記

立石年代：民國二十二年（1933年）
原石尺寸：高114厘米，寬46厘米
石存地點：焦作市温縣南張羌鎮南渠河村楊氏祠堂

〔碑額〕：萬善同歸

南渠河村重修大橋碑記

蓋聞徒杠輿梁，古有隨時修築之良規；庶人行車馳，始無褰裳濡軌之艱苦。我村舊有此橋，正當南北之衝，因多歷年所，浸漬圮壞，車馬難行，甚見危險。余等觸目驚心，不忍坐視其敝，竊邀合村公同商議，按户捐輸修葺，莫不同心努力，以成此舉。但工程浩大，獨力難成，乃向外募化，幸賴四方樂善君子各施資財，以相帮助成全善事。於是庀材鳩工，起於二月十三日，延及三月初八日，而工告竣。嗣後熙往穰來，遵道遵路，無復險阻之憂也。工成。俾余爲文，略叙其事，并將諸公捐資敬勒於石，以永垂不朽云爾。

師範畢業生李懷德撰文，河南省立第五職業學校畢業生劉鳳林書丹，前清邑庠生張俊橋校閱，西萬鎮鐵筆常永苞。

後東南王：樊敬心錢八千文，杲乃武錢八千文，三興仁錢二千文，李福吉錢二千文，樊應良錢二千文，樊秋華錢二千文，樊青雲錢一千文。城内：鄭振宣錢八千文，鄭振章錢八千文，王恩厚錢四千文。城西關外：吴博危錢四千文，張文尉錢四千文，張忠□錢四千文，□相如錢四千文，無名氏錢二千文，王香亭錢一千文，段振堂錢一千文，鄭雲鵬錢一千文，劉俊英錢一千文，□進明錢一千文，劉如忠錢一千文，大渠河錢一千文，前上□任穆氏錢一千文。本村：□明□錢十六千文，宋玉禄錢十二千文，李長信錢十千文，王敬□錢十千文，張俊民錢八千文，師懷良錢五千文，李□化錢五千文，師懷禮錢五千文，楊尊先錢五千文，曹進國錢四千文，楊祖敬錢四千文，李懷正錢四千文，張記穀錢四千文，張□州錢四千文，李懷仁錢四千文，鄭廷揚錢二千二百文，李懷順錢二千文，師紹□錢二千文，鄭有□錢二千文。李長雷錢二千文，曹志和錢二千文，張俊同錢二千文，楊敬忠錢一千文，楊祖惠錢一千文，李懷良錢一千文，師懷仁錢一千文，鄭廷臣錢一千文，鄭紹西錢一千文，鄭紹信。樊德盛錢一千文，鄭青雲錢一千文，楊祖浚錢一千文，楊祖湯錢一千文，楊祖澤錢一千文，楊祖文錢一千文，鄭廷璧錢一千文，曹西方錢一千文，鄭廷珩錢一千文，李懷平錢一千文，李永禄錢一千文，李懷瑜錢一千文，張凱元錢一千文，張凱宸錢一千文，張凱蘭錢一千文，張凱先錢一千文，張俊倫錢一千文，張玉達錢一千文，李中立錢一千文，李玉印錢一千文，李棠俊錢一千文，李百福錢一千文，李棠林錢一千文，張俊良錢一千文，王國寶錢一千文，張振德錢一千文，張玉柱錢一千文，李棠元錢一千文，郭世澤錢一千文，鄭廷相錢一千文，李高錢一千文，張俊松錢一千文，李永慶錢一千文。張承緒錢一千文，張俊士錢一千文，張元平錢一千文，張俊興錢一千文，張俊英錢一千文，郭應祥錢一千文。

保長師懷良。執事張玉禄、王振河、楊祖惠、張俊民、楊祖望、楊祖浚、師懷禮、曹建國、吴懷仁、李長匯、李懷德、楊敬忠。工師任連三。

中華民國二十二年冬月吉日敬立。

重塑白龍王神像碑

蓋聞事在未為之前雖美而弗彰事在未為之後雖盛而不傳是知創之者雖云有功尤賴繼之者代有其人也天下事大抵皆然即如我三村濟瀆大廟西邊有白龍王廟一所其殿者為禱雨之所也屢年間因王嘗施功澤於民凡有所祈罔不甘霖普降鄉之耆老因此而遂創修廟宇金塑神像以為春祈秋報永垂千載之盛近年來神像以被損壞而神無所憑衆人亦罔所祈禱民國二十一年天亢旱數月不雨吾鄉之人又況之願以塑像祀爾天遂雨各村執事人等乃募化醵金得若干數遂將神像重為金塑以表虔心之誠令功以垂遂為勒石是為不没人善云爾

三王里老會首

監工人

執事人

鄉長

住持

中華民國二十二年

677. 重塑白龍王神像碑

立石年代：民國二十二年（1933 年）
原石尺寸：高 43 厘米，寬 59 厘米
石存地點：焦作市温縣黄莊鎮東王里村

重塑白龍王神像碑

蓋聞事在未爲之前，雖美而弗彰；事在未爲之後，雖盛而不傳。是知創之者，雖云有功，尤賴繼之者代有其人也，天下事大抵皆然。即如我三村濟瀆大廟西邊，有白龍王廟一所，其殿者□爲禱雨之所也。屢年間，因王嘗施功澤於民，凡有所祈，勿不甘霖普降，鄉之耆老因此而遂創修廟宇，金塑神像，以爲春祈秋报，永垂千載之盛。近年來，神像以被損壞，而神無所憑依，人亦勿所祈禱。民國二十一年，天亢旱，數月不雨，吾鄉之人又祝之，願以塑像祀酬，天遂雨。各村执事人等乃募化醵金，得若干數，遂將神像重爲金塑，以表虔心之誠。今功以竣，遂爲勒石，是爲不没人善云爾。

三王果老會首：王永貞、王世傑、楊大山、安西羊、張之澶、郝本恭。

監工人：魏陞選、楊照鴻。

鄉長：李瑞祥、張書範、郝亘修、鄭鴻儒、王嘉善。

執事人：郝鄭氏、張任氏、馬張氏、張成氏、郝嚴氏、李張氏、楊申氏、鄭王氏、安李氏、王羅氏、王張氏、郝張氏、張成氏、張翟氏、魏翟氏、張吴氏。

繪師：楊成貴。住持：張中秋。

中華民國二十二年立。

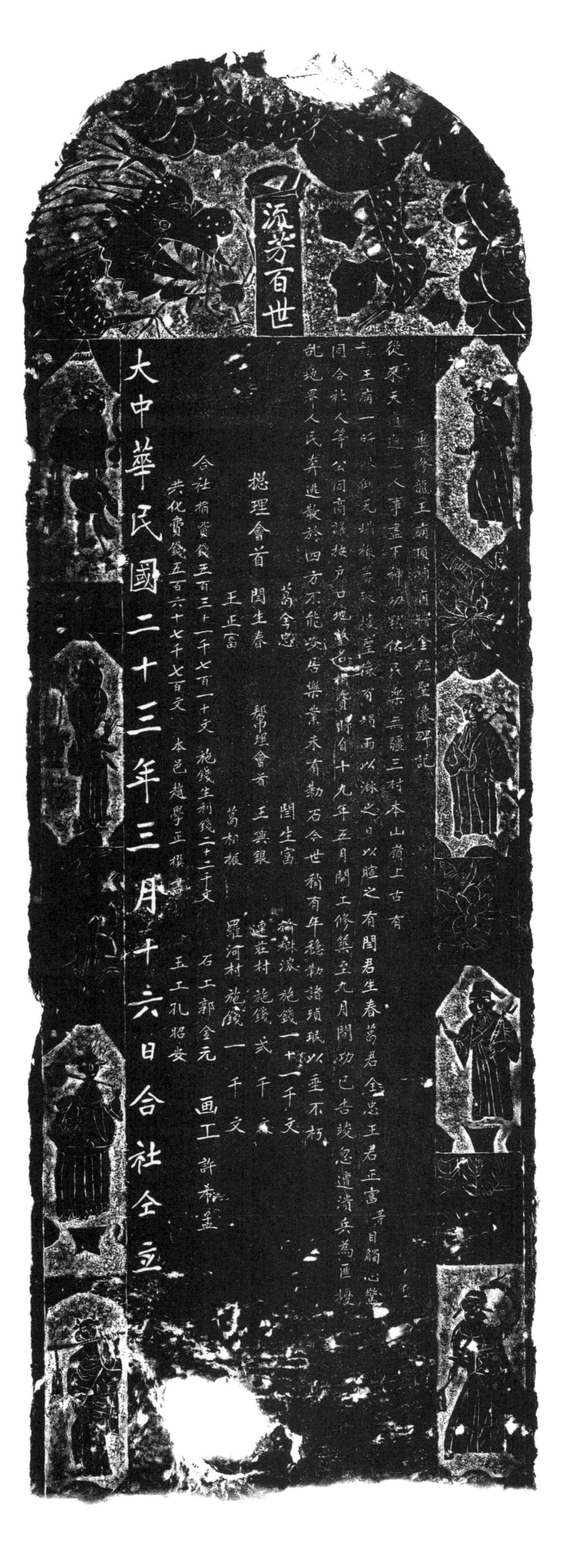
流芳百世
大中華民國二十三年三月十六日合社全立

678. 重修龍王廟頂補廟墻金妝聖像碑記

立石年代：民國二十三年（1934年）
原石尺寸：高176厘米，寬59厘米
石存地點：焦作市博爱县寨豁鄉大底村東南龍王廟

〔碑額〕：流芳百世

重修龍王廟頂補廟墻金妝聖像碑記

從來天道運上，人事盡下，神功默佑，民樂無疆。三村本山嶺上古有龍王廟一所，脊倒瓦塌，椽檐破壞，聖像有損，雨以淋之，日以暄之。有閆君生春、葛君全忠、王君正富等，目觸心驚，同合社人等公同商議，按户口地畝各捐資財，自十九年五月開工修築，至九月間功已告竣，忽遭潰兵爲匪，擾乱地界，人民奔逃散於四方，不能安居樂業，未有勒石。今世稍有年穩，勒諸貞珉，以垂不朽。

本邑趙學正撰書。

總理會首：葛全忠、閆生春、王正富。

帮理會首：閆生富、王興銀、葛相振。

榆樹漥施錢一十一千文，連莊村施錢貳千文，羅河村施錢一千文。

合社捐資錢五百三十一千七百一十文，施錢生利錢二十二千文。

共花費錢五百六十七千七百文。

石工：郭金元，画工：許希孟，玉工：孔招安。

大中華民國二十三年三月十六日合社同立。

劉台村北池二石崗村中池一兩村間大路傍之新池四池前村爲毀新池西畔無碑
可考惟我村龍凰二池間隔沙土僅數尺若不未雨綢繆將有洞穿之患村衆有見及此
爰開公議決先就白龍廟內柏樹兩株售價抽出洋一百元又按本村人畜地畝攤派洋
三百七十元此次池腰砌石四層池畔建亭一整共花大洋四百七十元此誌

發啟人　李蘭芳　李甲五　賈新　賈兆和　李芳華　李建中　李景清　李培根　李堯恭　李景文　李周印　李仁堯　李自唐　[illegible]　李姿

管賬　石銀台　李峻德　李積善　李獻廷

監工　李三星　李貴溫　李茂興　李興唐

催工　賈振富　李建國　李朝富　李朝俊　李來拴　李芳榮

石工　傅兆起

中華民國二十三年三月吉日　劉台村合社全立

679. 豹臺村重修龍鳳池碑記

立石年代：民國二十三年（1934 年）
原石尺寸：高 93 厘米，寬 33 厘米
石存地點：安陽市林州市任村鎮豹臺村玉帝廟

豹台村北池二，石崗村中池一，與兩村間大路傍之新池，四池兩村屬夥。新池西畔，有碑可考。惟我村龍鳳二池，間隔沙土僅數尺，若不未雨綢繆，將有洞穿之患。村衆有見及此，爰開会議決，先就白龍庙内柏樹两株售價抽出洋一百元，又按本村人畜地畝，攤派洋三百七十元。此次池腰砌石四層，池畔建亭一竪，共花大洋四百七十元。此誌。

發啟人：李蘭芳、李甲五。管賬：石銀台、李峻德、李積善、李献廷。買辦：賈兆和、李芳華、李建中、李景清。監工：李三星、李貴温、李茂興、李興唐。催工：李培根、李克恭、李景文、賈振富、李建國、李朝富、李周印、李仁惠、李自唐、李朝俊、李來栓、李芳榮。差遣：李密。

石工：傅兆起。

中華民國二十三年三月吉日豹台村合社同立。

不朽

創修游龍渠盤龍潭碑記

常思水火之為義大矣哉！是故孟子曰：人非水火不生活。是水與火均至要也，而吾則以為水較火為尤甚焉。試觀灌溉田園必資於水，調羹煮食更賴乎水，故講求民生者每於水恆為留意焉。我上坡村地處崗阜，舊無井泉，惟於村之西北二里許名曰水鴨溝，舊有泉源一泓，借資汲引，但道路崎嶇，搬運不易，在平時以感不便，一遇務農婚喪等事，愈覺困難。本村有郭公　官福者，苦於汲水之不便，首先提倡引水近村，鑿池注水，以便闔村之利，慨以社首自任。又有郭公　官相、郭公　爾[illegible]亦慷慨贊助，度地測泉，會請村衆磋商，其事莫不樂從。於是疏通泉源，鑿石築渠，與村西頭之小池開掘鋪砌，使不滲漏，引水注入，為一勞永逸之計。按築池之耗費、汲泉之工資，均由粮退丁口以捐攤，其補助小工亦然也。自四月開始，延至十一月厥功告竣，共計費洋五百餘元，小工五千餘個。然觀所築之渠崗峦彎曲，因名曰游龍渠；其地盤旋螺折，即名曰盤龍潭。渠潭既成，川流不息，源泉混混，不舍晝夜，從此吾村便不乏於水矣。爰叙其事以誌不忘云尔。

洹東西馬村楊國林撰文

文童郭[illegible]書丹

社首　郭官[illegible]

總理　郭官相　郭用[illegible]

收掌　郭[illegible]　郭官仁　郭用謙

泒工　郭治德　郭治礼　郭用楟　郭用[illegible]

監工　郭官明　郭用良　郭維新　郭立成

刻字石工　郭[illegible]　郭立云　郭來山

渠泉築約八則開列於左：

1. 不許損壞渠道以防泉安
2. 不許半路改渠截挑以自私利
3. 不許牛羊就泉喝飲以污泉水
4. 不許擲石投泉以淤渣塞
5. 不許浣衣洗手以瀆清溪
6. 不許就泉旁水流地以損泉岸
7. 不乏水之時許用桶汲取以便流地。
8. 若遇水不[illegible]之時截止担挑澆地

以上凡項規約若有犯者罰洋三元

大中華民國二十四年黃鐘月下浣日吉立

680. 創修游龍渠盤龍潭碑記

立石年代：民國二十四年（1935年）
原石尺寸：高144厘米，寬58厘米
石存地點：安陽市林州市河順鎮上坡村

〔碑額〕：不朽

創修游龍渠盤龍潭碑記

常思水火之爲義大矣哉。是故孟子曰：人非水火不生活。是水與火均至要也，而吾則以爲水較火爲尤甚焉。試观灌溉田園，必資於水，調羹煮食，更賴乎水。故講求民生者，每於水恒爲留意焉。我上坡村地處崗阜，舊無井泉，惟於村之西北二里許名曰水鴨溝，舊有泉源一泓，借資汲引。但道路崎嶇，搬運不易。在平時以感不便，一遇務農、婚喪等事，愈覺困難。本村有郭公官福者，苦於汲水之不便，首先提倡引水近村，鑿池注水，以便閤村之利，慨以社首自任。又有郭公官相、郭公用恭，亦慷慨贊助，度地測泉，會請村衆磋商其事，莫不樂從。於是疏通泉源，鑿石築渠，與村西頭之小池開掘鋪砌，使不滲漏，引水注入，爲一勞永逸之計。按築渠之耗費，浚泉之工資，均由糧銀丁口以捐辦，其補助小工亦然也。自四月開始，延至十一月，厥功告竣，共計費洋五百餘元，小工五千餘個。然观所築之渠，崗峦弯曲，因名曰游龍渠；其地盤旋螺折，即名曰盤龍潭。渠潭既成，川流不息，源泉混混，不舍晝夜，從此吾村便不乏於水矣。爰叙其事，以誌不忘云尔。

洹東田馬村楊國林撰文，文童郭立□書丹。

社首：郭官福。總理：郭官相、郭用恭。收掌：郭用□、郭官仁、郭用讓。派工：郭治德、郭治礼、郭用梅、郭用□。監工：郭官明、郭用良、郭維新、郭立成。刻字：郭文秀、郭立云。石工：郭來山。

渠泉禁約八則，開列於左：

1. 不許損壞渠道，以防泉安。
2. 不許半路改渠截挑，以自私利。
3. 不許牛羊就泉喝飲，以污泉水。
4. 不許擲石投泉，以淤渣塞。
5. 不許澣衣洗手，以瀆清溪。
6. 不許就泉舀水澆地，以損泉岸。
7. 不乏水之時，許用桶汲取，以便澆地。
8. 若遇水不足飲用之時，截止担挑澆地。

以上几項規約，若有犯者，罰洋三元。

大中華民國二十四年黄鐘月下浣日吉立。

銘善垂遠

重修池塘碑記

自古求大益者不妨有小損，謀永逸者宜先盡一勞。如我坟頭村地處高阜，村週圍無活水，對於汲水一事甚為困難。幸村西紅崖棧下有山泉湧出，村人賴以生活，但路遠山遥，取汲維艱，且不論忙暇必急急於取水，亦於農工有碍。前清同治年有王君現珍、原君守春、范君林春等率領村衆於村南創鑿一池，依路修渠，引山泉蜿蜒入池，以便村人之需。原欲先損後益，以勞謀逸，事誠善也。惜當時功多草創，營造未善，池如漏卮，朝注暮涸，有池幾與無池等。此非從而整盤補闕，善為繼述，不幾前功盡棄哉？有范君明信、原君步怀慨然動重修之念，筵有鄉望者十人為總理，向村衆公議，村衆莫不踴躍樂從。原君現魁願為會首，會執事務人各司其事。但功大費繁，難以驟舉，售池邊秋樹一株得洋九十元，售鄉總社地四畝得洋壹百九十元，作本生息，越三年本利得洋六百餘元。嗣又每畝捐洋四角，捐土拾九担，每丁拔工九個，籌畫俱備，乃仍池舊趾，更鑿深丈餘，盡去其砂礫，池底築以紅土，池岸壘以巨石，岸後亦用紅土築實，一切經營莫不臻於完善，莫安如磐石，鞏固若金湯。雖非就地湧泉，堪比源泉混混，而鑿池進水，何殊江水決決？水来有源，水聚如澤。其始售樹售地似有損也，今則取不盡而用不竭，何益如之！其始運土運石似甚勞也，今則居於斯而汲於斯，何逸如之！小損得大益，一勞成永逸，前人創之，後人成之，猗歟盛哉！若非舉意有人，董事有人，勢難觀其成。又有人焉能成此浩大功程哉？尤願村人念創鑿維艱，思重修匪易，善為保守，俾厥功勿替，安逸利益將享萬世無疆也。啟池落成，父老屬余記其事，余不能文，聊述事之始末，以貽後世云爾。

前清遺士原鳳翔撰文，原王讓書丹

范明忠 王丙恒 范明倫 原現璋 范明和 看 范明新 范明和

舉意會首 王全之 王崇德 王景祿 王守謙 原三珠 王馬拴 范明仁 原得貽 王景富 物 原步忠 石 王步倹

范明信 總 王清雲 原鳳鳴 管 原王錫 買 范景福 監 王金生 攢 岳兆德 原中厚 催 范得貴 岳秀蘭 料 王法全 石丙太

原燦怀 原王讓 岳兆恒 原鳳翔 王景賢 原三明 范明有 王起之 主常全 匠 王法宗

大會首 理 范萬會 范明傑 賬 王建義 辦 王太裕 王申之 原鳳台 王法宗 工 原步朝 王太謙 泛 王建堂 石丙和

工 王生龍 手 王法義 王建鈞 范明奇 原步春 應 范興善

原現魁 王萬恒 王建仁 范景德 原樓生 王太極 范拴保 原步祥 王建全 王建中 事

中華民國貳拾肆年　歲次乙亥杏月中旬　墳頭村合社　仝監

681-1. 重修池塘碑記（碑陽）

立石年代：民國二十四年（1935 年）
原石尺寸：高 157 厘米，寬 75 厘米
石存地點：安陽市林州市姚村鎮墳頭村

〔碑額〕：銘善垂遠

重修池塘碑記

自古求大益者不妨有小損，謀永逸者宜先盡一勞。如我墳頭村地處高埠，村周圍無活水，對於汲水一事，甚爲困難。幸村西紅崖棧下有山泉涌出，村人賴以生活。但路遠山遥，取汲維艱，且不論忙暇，必急急於取水，亦於農工有碍。前清同治年，有王君現珍、原君守春、范君林春等，率領村衆於村南創鑿一池，依路修渠，引山泉蜿蜒入池，以便村人之需。原欲先損後益，以勞謀逸，事誠善也。惜尔時功多草創，營造未善，池如漏巵，朝注暮涸，有池幾與無池等。此非從而幹蠱補闕，善爲繼述，不幾前功盡弃哉！有范君明信、原君步怀慨然動重修之念，簉有鄉望者十人爲總理，向村衆公議。村衆莫不踴躍樂從。原君現魁願爲會首，會執事多人，各司其事。但功大費繁，難以驟舉，售池邊秋樹一株，得洋九十元，售鄉總社地四畝，得洋壹百九十元，作本生息。越三年，本利得洋六百餘元。嗣又每畝捐洋四角，捐土拾九担，每丁拔工九個。籌畫俱備，乃仍池舊址，更鑿深丈餘，盡去其砂礫，池底築以紅土，池岸壘以巨石，岸後亦用紅土築实，一切經營，莫不臻於完善，奠安如磐石，鞏固若金湯。雖非就地涌泉，堪比源泉混混，而鑿池匯水，何殊江水泱泱，水來有源，水聚如澤。其始售樹售地，似有損也，今則取不盡而用不竭，何益如之？其始運土運石，似甚勞也，今則居於斯而汲於斯，何逸如之？小損得大益，一勞成永逸，前人創之，後人成之，猗歟盛哉！若非舉意有人，董事有人，執事傭工又有人，焉能成此浩大功程哉？尤願村人念創鑿維艱，思重修匪易，善爲保守，俾厥功勿替，安逸利益，將享之萬世無疆也歟。池落成，父老囑余記其事，余不能文，聊述事之始末，以昭後世云尔。

前清遺士原鳳翔撰文，原王讓書丹。

舉意會首：范明信、原步怀。大會首：原現魁。總理：王全之、王清雲、原三讓、范萬會、王萬恒、王崇德、原鳳鳴、岳兆恒、范明傑、王建仁。管賬：王景禄、原王錫、王建義、范景德。買辦：王守謙、范景福、王太裕、原樓生。監工：范明忠、原三珠、王金生、原鳳翔、王申之、王生龍、王太極。攢手：王丙桓、王馬栓、岳兆德、王景賢、原鳳台、王法義、范栓保、范明倫、范明仁、原中厚、原三明、王法宗、王建鈞、原步祥。催工：原現璋、原得昭、范得貴、范明有、原步朝、范明奇、王建全、范明和、王景富、岳秀蘭、王起之、王太謙、原步春、王建中。看物料：范明新、原步忠、王法全、王常全。泛應事：王建堂、范興普。

石匠：范明和、王步儉、石丙太、王法宗、石丙和。

中華民國貳拾肆年歲次乙亥杏月中旬墳頭村合社同豎。

王建仁捐洋五十八元一
王建義捐洋五十二元七
原三讓捐洋三十六元五
王生龍捐洋三十五元一
王清雲捐洋三十四元四
王太國捐洋三十三元七
原思聰捐洋三十一元
王崇德捐洋二十九元八
范明忠捐洋二十七元九
原忠厚捐洋二十六元五
王全德捐洋二十五元三
王全之捐洋二十四元八
王太松捐洋二十四元七
原得昭捐洋二十四元三
王守謙捐洋二十二元七
原現社捐洋二十二元六
范明俊捐洋二十二元五
原步祥捐洋二十一元五
范明照捐洋二十一元二
范明新捐洋二十元〇八
王景賢捐洋二十元〇五
王鳳銀捐洋二十元〇一
原步新捐洋十九元四
岳兆德捐洋十九元八
范景德捐洋十九元二
范玘隆捐洋十九元二
范玘会捐洋十九元七
王太貴捐洋十八元三
原三奇捐洋十七元五
王建忠捐洋十六元三
范明和捐洋十七元二
王文德捐洋十七元六
范天和捐洋十七元
范明有捐洋十七元六
范與德捐洋十七元
范與奇捐洋十七元八
范双保捐洋十七元八

原步廷捐洋十[illegible]元五
王馬拴捐洋十六元五
原鳳鳴捐洋[illegible]元五
王法宗捐洋十六元五
王丙興捐洋十四元五
范與付捐洋十六元
原鳳楼捐洋十六元八
范玘存捐洋十六元六
王建鈞捐洋十六元
原步宫捐洋十五元七
王長伏捐洋十五元九
原步瀛捐洋十五元一
范明旺捐洋十五元八
原三懷捐洋十五元六
原步義捐洋十五元八
岳兆吉捐洋十五元八
范明仁捐洋十五元三
王守華捐洋十五元五
王守璧捐洋十五元三
范万榮捐洋[illegible]元
原步春捐洋十四元
王懷義捐洋十四元九
王法保捐洋十四元八
王乾德捐洋十四元八
原三錫捐洋十四元六
范得貴捐洋十四元六
原鳳翔捐洋十四元五
王景生捐洋十四元一
王景付捐洋十四元三
范明伏捐洋十四元四
王建全捐洋十四元一
原中華捐洋十四元二
原步朝捐洋十四元九
王景伏捐洋十三元八
王景录捐洋十三元八
范明楼捐洋十三元一
王太康捐洋十三元七

岳秀蘭捐洋十三元七
王法江捐洋十三元九
原三慶捐洋十三元八
范明松捐洋十三元二
范万会捐洋十三元六
范景清捐洋十三元四
范明信捐洋十三元一
范景伏捐洋十三元二
王廷伏捐洋十二元六
王起德捐洋十二元二
王丙恒捐洋十二元七
王丙庫捐洋十二元四
王景義捐洋十二元七
岳達喜捐洋十二元七
王鳳楼捐洋十二元九
王廣田捐洋十二元四
原步廷捐洋十二元九
原思謙捐洋十二元一
范興茂捐洋十二元一
范景存捐洋十二元八
范明珠捐洋十二元八
范興讓捐洋十二元九
范景庫捐洋十二元一
原三星捐洋十二元七
王長全捐洋十二元七
原步義捐洋十二元四
原三秀捐洋十二元六
王懿德捐洋十二元九
王景慈捐洋十一元八
王起之捐洋十一元六
范明義捐洋十一元八
原三明捐洋十一元一
原三江捐洋十一元七
范與聚捐洋八元五
原三仲捐洋十一元四
原三才捐洋十一元四
原步勤捐洋十二元五

王法義捐洋十一元六
岳万才捐洋十一元六
原思敬捐洋十一元八
范與隆捐洋十一元七
范明秀捐洋十一元一
范明倫捐洋十一元一
范明元捐洋十一元六
崔達生捐洋十一元七
原步貞捐洋十一元二
原步廷捐洋十元〇二
原三之捐洋十元〇六
原茂林捐洋十元〇六
范桂林捐洋十元〇八
王鳳岐捐洋十元〇三
范與林捐洋十元
岳兆年捐洋十元〇三
王太坤捐洋十元〇一
王景明捐洋十元〇四
王怀珠捐洋十元〇二
王九裕捐洋十元〇三
王太英捐洋十元〇三
岳兆義捐洋十元〇一
王丙蘭捐洋十元〇三
王全仔捐洋十元〇三
范明奇捐洋十元
王振朝捐洋十元
王明順捐洋十元
王法全捐洋九元七
范明星捐洋九元七
王景怀捐洋九元七
王月德捐洋九元六
王宗仁捐洋九元八
王怀仁捐洋九元五
王太謙捐洋九元二
范明桀捐洋九元一
范景功捐洋九元四
王丙秀捐洋九元四

王丙春捐洋九元七
王鳳儀捐洋九元七
王金生捐洋九元五
原步仁捐洋九元一
范與聚捐洋九元五
岳秀峯捐洋九元五
范明才捐洋九元七
岳僧玉捐洋九元二
原三珠捐洋九元二
原步霄捐洋九元六
范明勤捐洋九元六
原思恭捐洋九元九
原文俊捐洋九元五
原鳳台捐洋九元八
原步伏捐洋九元九
原步堂捐洋九元二
原步陞捐洋九元七
岳永申捐洋八元六
原楼生捐洋八元三
范與功捐洋八元一
原鳳林捐洋八元三
范與周捐洋八元九
范與旺捐洋八元九
王明德捐洋八元二
范與恒捐洋八元二
范元存捐洋八元八
原三勤捐洋八元七
范與順捐洋八元三
崔全鐸捐洋八元
范景付捐洋八元三
范景怀捐洋八元三
岳忠成捐洋八元三
王建堂捐洋八元六
王景仁捐洋八元
王景洪捐洋八元六
王君德捐洋八元五
王全榜捐洋八元一

王申之捐洋八元九
王占標捐洋八元二
范万合捐洋八元七
王怀生捐洋八元七
岳兆才捐洋八元二
原步榮捐洋八元
牛振山捐洋八元
王太志捐洋七元四
王鳳鳴捐洋七元九
王丙[illegible]捐洋七元八
王录之捐洋七元九
王宗義捐洋七元
王有仔捐洋七元四
王太元捐洋七元九
王丙聚捐洋七元
王丙伏捐洋七元九
范明欽捐洋七元六
范與普捐洋七元七
范與庫捐洋七元七
原合榜捐洋七元四
范景仁捐洋七元
原文景捐洋七元九
原步與捐洋七元二
范玘忠捐洋七元九
原思齊捐洋七元一
原得昌捐洋七元八
原得和捐洋七元
原步录捐洋七元
范景彦捐洋六元一
范與九捐洋六元八
王丙忠捐洋六元
原三義捐洋六元五
岳張仔捐洋六元八
原中会捐洋六元
崔万順捐洋六元八
范明生捐洋六元八
范明金捐洋六元八

王得保捐洋六元二
王喜全捐洋六元二
原鉄旦捐洋六元八
王彪仔捐洋六元
范万生捐洋六元
王合全捐洋六元四
原中会捐洋六元
王景善捐洋六元
王太讓捐洋六元三
王占武捐洋六元五
王怀明捐洋六元
原步保捐洋六元
王張成捐洋六元
原得仁捐洋六元
王義德捐洋六元
王[illegible]臣捐洋六元
王[illegible]伏捐洋六元
范玘仁捐洋六元
王太松捐洋六元五
原步修捐洋六元二
王振家捐洋五元四
王景庫捐洋五元
王伏之捐洋五元九
王太桀捐洋五元一
王鳳翔捐洋五元六
王太修捐洋五元四
原步旺捐洋五元四
原中伏捐洋五元四
岳兆恒捐洋五元四
王法興捐洋五元一
王丙義捐洋五元一
王丙仁捐洋五元三
原步林捐洋五元六
范與之捐洋五元五
原步明捐洋五元一
原得成捐洋五元六
王丙法捐洋五元

原天貴捐洋四元二
范與社捐洋四元九
原不景捐洋四元四
王得成捐洋四元四
原現章捐洋四元七
范明春捐洋四元九
范万社捐洋四元四
范明大捐洋四元一
范與全捐洋四元五
原步旺捐洋四元三
原步高捐洋四元三
郭天琴捐洋四元五
岳秀長捐洋四元六
王占位捐洋四元五
王銀拴捐洋四元五
王喜德捐洋四元七
王社德捐洋四元一
王振邦捐洋四元三
原步恒捐洋四元五
王太鰲捐洋四元二
范與有捐洋四元八
王銀全捐洋四元二
范與信捐洋四元一
王景憲捐洋四元七
王景貴捐洋四元六
王法元捐洋三元三
原三付捐洋三元九
王張仔捐洋三元七
原步法捐洋三元一
王丙存捐洋三元九
牛同心捐洋三元三
王廣家捐洋三元五
范與旺捐洋三元五
范得長捐洋三元九
范明恒捐洋三元三
王丙義捐洋三元八
王鳳梧捐洋三元八

原三保捐洋三元五
王江仔捐洋三元六
王丙[illegible]捐洋三元七
范明温捐洋三元三
王秀德捐洋三元六
原五祥捐洋二元二
原步怀捐洋二元五
王同仁捐洋二元二
原鳳山捐洋二元三
范景義捐洋二元二
原中付捐洋二元九
范進山捐洋二元七
范明朝捐洋二元四
王万恒捐洋二元二
范秀堂捐洋二元七
岳秀榮捐洋二元二
王守庫捐洋二元二
王家齊捐洋二元二
王振國捐洋二元
王佛仔捐洋二元二
王學孝捐洋二元三
王銀之捐洋一元七
原三中捐洋二元五
王子奉捐洋二元五
王丙才捐洋二元五
王科仔捐洋一元
原文興捐洋二元九
原步和捐洋二元九
范與貴捐洋一元九
范與鈞捐洋一元五
王建仁坡内取石
王景仁
王鳳銀地内取土
王崇德
王建仁
通共花大洋四仟一百五十九元

681-2. 重修池塘碑記（碑陰）

立石年代：民國二十四年（1935年）
原石尺寸：高157厘米，寬75厘米
石存地點：安陽市林州市姚村鎮墳頭村

王建仁捐洋五十八元一，王建義捐洋五十二元七，原三讓捐洋三十六元五，王生龍捐洋三十五元一，王清雲捐洋三十四元四，王太國捐洋三十三元七，原思聰捐洋三十一元，王崇德捐洋二十九元八，范明忠捐洋二十七元九，原忠厚捐洋二十六元五，王金德捐洋二十五元三，王全之捐洋二十四元八，王太極捐洋二十四元七，原得昭捐洋二十四元三，王守謙捐洋二十二元七，原現魁捐洋二十二元六，范明俊捐洋二十二元五，原步祥捐洋十七元五，范明照捐洋二十一二，范明新捐洋二十元八，王景賢捐洋二十元五，王鳳銀捐洋二十元一，原步新捐洋十九元四，岳兆德捐洋十九元八，范景德捐洋十九元二，范玘隆捐洋十九元二，范玘会捐洋十九元七，王太貴捐洋十八元三，原三奇捐洋十七元五，王建忠捐洋十六元三，范明和捐洋十七元二，王文德捐洋十七元六，范天和捐洋十七元，范明有捐銀十七元六，范興德捐洋十七元，范興奇捐洋十七元八，范双保捐洋十七元八。原步廷捐洋十元三，王馬栓捐洋十六元五，原鳳鳴捐洋十六元五，王法宗捐洋十六元五，王丙興捐洋十四元五，范興付捐洋六元，原鳳樓捐洋十六元八，范玘存捐洋十六元六，王建鈞捐洋十元，原步宫捐洋十五元七，王長伏捐洋十五元九，原步瀛捐洋十五元一，范明旺捐洋十五元八，原三懷捐洋十五元六，原步義捐洋十五元八，岳兆吉捐洋十五元八，范明仁捐洋十五元二，王守華捐洋十五元四，王守璧捐洋十五元三，范万榮捐洋八元，原步春捐洋十四元，王怀義捐洋十四元九，王法保捐洋十四元八，王乾德捐洋十四元八，原三錫捐洋十四元六，范得貴捐洋十四元六，原鳳翔捐洋十四元五，王景生捐洋十四元一，王景付捐洋十四元三，范明伏捐洋十四元四，王建全捐洋十四元一，原中華捐洋十四元三，原步朝捐洋十四元九，王景伏捐洋十三元八，王景录捐洋十三元八，范明樓捐洋十三元一，王太康捐洋十三元七。岳秀蘭捐洋十三元七，王法仁捐洋十三元一，原三慶捐洋十三元八，范明松捐洋十三元二，范萬会捐洋十三元六，范景清捐銀十三元四，范明信捐洋十三元一，范景伏捐洋十三元一，王運伏捐洋十二元六，王起德捐洋十二元二，王丙恒捐洋十二元七，王丙庫捐洋十二元四，王景義捐洋十二元七，岳連喜捐洋十二元七，王鳳樓捐洋十二元九，王寬印捐洋十二元四，原步忠捐洋十二元九，原思謙捐洋十二元一，范興茂捐洋十二元一，范景存捐洋十二元八，范明珠捐洋十二元六，范興讓捐洋十二元九，范景庫捐洋十二元一，原三星捐洋十二元七，王長全捐洋十二元七，原步義捐洋十二元四，原三秀捐洋十二元六，王懿德捐洋十一元九，王景慈捐洋十一元八，王起之捐洋十一元六，范明義捐洋十一元八，原三明捐洋十一元一，原三江捐洋十一元七，范興聚捐洋八元五，原三仲捐洋十一元四，原三才捐洋十一元四，原步勤捐洋十二元五。王法義捐洋十一元六，王万才捐洋十一元六，原思敬捐洋十一元八，范興隆捐洋十一元七，范明秀捐洋十一元一，范明倫捐洋十一元一，范明元捐洋十一元六，崔運生捐洋十一元七，原步貞捐洋十一元二，原步魁捐洋十元二，原三之捐洋十元六，原茂林捐洋十元六，范桂林捐洋十元八，王鳳岐捐洋十元三，范興林捐洋十元，岳兆年捐洋十元三，王太坤捐洋十元一，王景明捐洋十元六，王怀珠捐洋十元四，王太裕捐洋十元二，王太英捐洋十元三，岳兆義捐洋十元一，王丙蘭捐洋十元三，王全仔捐洋十元三，范明奇捐洋十元，王振朝捐洋十元，王明順捐洋十元，王法全捐洋九元七，范明星捐洋九元七，王月德捐洋九元六，王宗仁捐洋九元八，王怀仁捐洋九元五，王太謙捐洋九元二，范明傑捐洋九元一，范景功捐銀九元四，王丙秀捐洋九元四。王丙春捐洋九元七，王鳳儀捐洋九元七，王金生捐洋九元五，原步仁捐洋九元一，范興聚捐洋九元五，岳秀峰捐洋九元五，范明才捐洋九元七，岳僧玉捐洋九元二，原三珠捐洋九元二，原步霄捐洋九元六，范明勤捐洋九元六，原思恭捐洋九元九，原文俊捐洋九元五，原鳳台捐洋九元八，原步伏捐洋九元九，原步堂捐洋九元二，原步陞捐洋九元七，岳永申捐洋八元六，原樓生捐洋八元二，范興功捐銀八元一，原鳳林捐洋八元三，范興周捐洋八元九，范興旺捐洋八元九，王明德捐洋八元二，范興恒捐洋八元二，范元存捐洋八元八，原三勤捐洋八元七，范興順捐洋八元三，崔金鐸捐洋八元，范景付捐洋八元三，范景怀捐洋八元三，岳忠成捐洋八元三，王建堂捐洋八元六，王景仁捐洋八元，王景洪捐洋八元六，王君德捐洋八元五，王全榜捐洋八元一。王申之捐洋八元，王占標捐洋八元三，范万倉捐洋八元七，王怀生捐洋八元七，岳兆才捐洋八元二，原步榮捐洋八元，牛振山捐洋八元，王太志捐洋七元四，王鳳鳴捐洋七元九，王丙沂捐洋七元八，王录之捐洋七元九，王宗義捐洋七元，王有仔捐洋七元四，王太元捐洋七元九，王丙聚捐洋七元，王丙伏捐洋七元，范明欽捐洋七元六，范興普捐洋七元七，范興庫捐洋七元七，原合榜捐洋七元四，范景仁捐洋七元，原文長捐洋七元，原步興捐洋七元二，范玘忠捐洋七元九，原思齊捐洋七元一，原得昌捐洋七元八，原得和捐洋七元，原步录捐洋七元，范景彦捐洋六元一，范興九捐洋六元八，王丙忠捐洋六元，原三義捐洋六元五，岳張仔捐洋六元八，原中会捐洋六元二，崔万順捐洋六元八，范明生捐洋六元八，范明金捐洋六元八。牛得保捐洋六元二，王喜全捐洋六元二，原鐵旦捐洋六元八，王礤仔捐洋六元八，范万生捐洋六元四，王合全捐洋六元四，原中会捐洋六元四，王景善捐洋六元，王太讓捐洋六元三，王占武捐洋六元五，王怀明捐洋六元，原步保捐洋六元三，王張成捐洋六元二，原得仁捐洋六元，王義德捐洋六元三，王口臣捐洋六元一，王張伏捐洋六元一，范玘仁捐洋六元，王太松捐洋六元五，原步修捐洋六元二，王振家捐洋五元四，王景庫捐洋五元，王伏之捐洋五元九，王太傑捐洋五元一，王鳳翔捐洋五元六，王太修捐洋五元四，原步旺捐洋五元四，原中伏捐洋五元四，岳兆恒捐洋五元四，王法興捐洋五元一，王丙乾捐洋五元一，王丙仁捐洋五元三，原步林捐洋五元六，范興之捐洋五元五，原步明捐洋五元一，原得成捐洋五元六，王丙法捐洋五元。原天貞捐洋四元二，范興魁捐洋四元九，原不景捐洋四元四，王得成捐洋四元四，原現璋捐洋四元七，范明春捐洋四元九，范万魁捐洋四元四，范明太捐洋四元一，范興全捐洋四元五，原步旺捐洋四元三，原步高捐洋四元三，郭天琴捐洋四元三，岳秀長捐洋四元六，王占位捐洋四元五，王銀栓捐洋四元三，王喜德捐洋四元七，王魁德捐洋四元一，王振邦捐洋四元三，原步恒捐洋四元五，王太鰲捐洋四元二，范興有捐銀四元八，王銀全捐洋四元二，范興信捐洋四元一，王景憲捐洋四元七，王景貴捐洋四元六，王法元捐洋三元三，原三付捐洋三元九，王張仔捐洋三元七，原步法捐洋三元一，王丙存捐洋三元九，牛同心捐洋三元五，王寬家捐洋三元五，范興旺捐洋三元五，范得長捐洋三元九，范明恒捐洋三元三，王丙義捐洋三元八，王鳳梧捐洋三元八。原三保捐洋三元五，王江仔捐洋三元六，王丙昌捐洋三元七，范明温捐洋三元三，王秀德捐洋三元六，原五祥捐洋二元二，原步怀捐洋二元五，王同仁捐洋二元二，原鳳山捐洋二元二，范景義捐洋二元二，原中付捐洋二元九，范運山捐洋二元七，范明朝捐洋二元四，王万恒捐洋二元二，范秀堂捐洋二元七，岳秀榮捐洋二元二，王守庫捐洋二元二，王家齊捐洋二元二，王振國捐洋二元，王佛仔捐洋二元二，王學孝捐洋二元三，王銀之捐洋一元七，原三中捐洋二元五，王子群捐洋二元五，王丙才捐洋二元五，王科仔捐洋一元，原文興捐洋二元九，原步和捐洋二元九，范興貴捐洋一元九，范興鈞捐洋一元五。

王建仁坡内取石，王景仁、王鳳銀、王崇德、王建仁，地内取土。

通共花大洋四仟一百五十元。

金粧　九龍聖母　九龍聖像暨補修正殿東山墻繪畫正拜殿兩壁重修西官廳記

聞之唐有九男而帝位不嗣周有九鼎而列邦不問地有九州而萬世不沒月有九行而千古常昭朝有九龍口而羣下參拜上有九天而天堂多福下有九淵而地獄認罪中有鼻天子九牧而審判全世善惡九疇錫九經有九德彰九思存九五尊主祭而百神享無神不受恩典此宇宙内由未了而混沌而開闢而皇古之一大轉輪九百歲普黄道人愚甚子通天妙機蒼頡肇字源救世奇書繼五教聖人而毅然崛起不移一步天福多慶若至善若三清若極樂若福音若天國成三千大千世界君君臣臣父父子子兄兄弟弟夫夫婦婦朋友講信修睦仁民餘恩徧及全球天降膏露地出醴泉山出器車鳳凰麒麟在郊椒龟龍在宮沼鳥獸卵胎可俯而闚尚何不百廢舉興大順大同也哉

邑增廣生員楊耀榮沐手拜譔
縣學生員孔繁英沐手敬書

功德主中央陸軍二十路總指揮兼河南省民政廳廳長張鈁捐洋貳百零叁元

襄辦人

鄧朝堂　姬建邦　韓喻義　王玉印　韓永善　鄧學善　黄為仁

鄧功建　黄振綱　韓朝臣　崔鳳鳴　韓朝傑　鄧宣章

毛德輔　韓長庚　鄧士義　崔朝鴻　韓朝瑞

□彌臣　□治臣捐各一元　韓丙申　溫□卿元　張仙舟五角　辛御中洋五角

宜邑曹歸真五元　吳香郁　王邵氏捐各五　楊秋喜洋角　郭秀真一元

泥　鄧書圖
石工　張貴成
画　張師

中華民國二十四年孟夏月之吉

682. 金妝九龍聖母九龍聖像暨補修正殿東山墻繪畫正拜殿兩壁重修西官廳記

立石年代：民國二十四年（1935 年）
原石尺寸：高 183 厘米，寬 63 厘米
石存地點：洛陽市新安縣鐵門鎮龍澗村

金妝九龍聖母九龍聖像暨補修正殿東山墻繪畫正拜殿兩壁重修西官廳記

聞之唐有九男，而帝位不嗣；周有九鼎，而列邦不問；地有九州，而萬世不没；月有九行，而千古常昭；朝有九龍口，而群下參拜；上有九天，而天堂多福；下有九淵，而地獄認罪；中有鼻，天子九牧，而審判全世。善惡九疇，錫九經、有九德、彰九思、存九五，尊主祭而百神享，無神不受恩典。此宇宙内由末了而混沌，而開闢，而皇，古之一大轉輪。九百歲普黄道人愚甚子通天妙機，蒼頡肇字，源救世奇書，繼五教聖人，而毅然崛起，不移一步，天福多慶，若至善、若三清、若極樂、若福音、若天國，成三千大千世界。君君臣臣、父父子子、兄兄弟弟、夫夫婦婦，朋友講信，修睦仁民，餘恩遍及全球。天降膏露，地出醴泉，山出器車，鳳凰、麒麟在郊棷，龜龍在宫沼，鳥獸卵胎，可俯而窺。尚何不百廢舉興、大順大同也哉。

邑增廣生員楊耀榮沐手拜撰，邑縣學生員孔繁英沐手敬書。

功德主：中央陸軍二十路總指揮兼河南省民政廳廳長張鈁捐洋貳百零叁元。

襄辦人：鄧朝堂、姬建邦、韓喻義、王玉印、韓永善、鄧學善、黄爲仁、鄧功建、黄振綱、韓朝臣、崔鳳鳴、韓朝傑、鄧宣章、毛德轄、韓長庚、鄧士義、崔朝陽、韓朝瑞、范弼臣、梁治臣、韓丙申、温位卿捐洋各一元。張仙舟捐洋五角，辛御中捐洋五角。宜邑曹歸真捐洋五元。吴香郁、王邵氏、楊秋喜捐洋各五角。郭秀真捐洋一元。

泥工：鄧書圖。石工：張貴成。畫工：張師。

中華民國二十四年孟夏月之吉。

易曰井養不窮然亦視其坐落何
處耳張凹村居民以来掘井雖多
水俱不佳焦姓合族有井一孔本
私物也民國乙亥天旱日久用水
維艱焦族念鄉里關係情願使衆
公用村衆既感德不忘焦族亦欲
永久不渝因同戡丈員李資泉
本保長袁永康 崔廣慶作證
立石以誌焉

衆人 仝立

民國二十四年六月中浣 穀旦

683. 公用井水碑記

立石年代：民國二十四年（1935 年）
原石尺寸：高 52 厘米，寬 51 厘米
石存地點：洛陽民俗博物館

《易》曰“井養不窮”，然亦視其坐落何處耳。張凹村居民以來掘井雖多，水俱不佳。焦姓合族有井一孔，本私物也。民國乙亥，天旱日久，用水維艱。焦族念鄉里關係，情願使衆公用。村衆既感德不忘，焦族亦欲永久不渝，因同戥丈員李資泉、本保長袁永康、崔廣慶作證，立石以誌焉。

衆人同立。

民國二十四年六月中浣穀旦。

流芳百世

684. 香洲陳公遺愛碑記

立石年代：民國二十四年（1935年）
原石尺寸：高180厘米，寬63厘米
石存地點：焦作市沁陽市西向鎮北魯村陳氏宗祠

〔碑額〕：流芳百世

香洲陳公遺愛碑記

古今來能享大名、顯當時、傳後世者，其惟德澤之及人乎？職司鈞衡，佐朝廷而榮治安，撫草野而宏富教，名標史册，勛蓋寰區，無足异也。所异者，爲鄉鄰捍灾患，即己饑己溺之心；爲後進廣栽培，即欲立欲達之志。至其持躬之勤儉，立品之端方，處事之周詳，待人之忠恕，能使親疏遐邇其生也有思，其去也有懷，非勒諸貞珉而不能自已，亦可見其德惠之入人者深且遠矣。香洲陳公諱芳田，沁陽望族也。幼失怙，依母教得成立。兄早逝，與弟同居。因家道蕭索，弃儒而業農商。戴月披星，餐風宿露二十年中，樊遲之稼圃，子貢之貨殖，一身兼之。光緒乙未六月中旬，沁水爲灾，廬舍半多傾頹。時公母張孺人停柩在堂，公冒險直前，卒獲無恙而安葬焉。非至孝感神，其孰能之？公二十有二即服務社會，近門墻者既煩婚喪之籌畫、訴曲直者樂效虞芮之質成，四十余年，事無大小，悉取决焉。故村中皆以老總管稱之。民八年，豫河當局派委加筑沁河大堤，值麥秋時，違章取土，挖毁民田百餘畝，壞人墳墓。咸抱不平，幾釀事端。公從容勸止，訴上峰得賠償人民損失數百金。公秉公分配，感德者贈匾額以表謝忱。善乎！孺子之爲宰不得專美於前矣。民十四夏，沁水暴發，陷良田數頃，鄉人憂之。公迭呈苦况，始得豁免錢糧，是以有德被桑梓之頌。民十六，教足令下，公竭力提倡本村創立女子小學，令孫女五六人肄業以爲表率。是秋，公長子攝篆新蔡，捐二百緡於女校。村人爲之勒石。民十七，公被選爲利下三圖保衛團團總，時北伐軍興，供應浩繁，公力求樽節，有因事相争者，委曲調和，暗出資金以全其好。本村舊有崇儒初級小學，公捐沁河灘地數十畝爲基金，所以村中人材倍出。嗣後改爲完全小學，添招高級生一班，七八年来畢業數班。凡游學懷郡梁垣者，皆此校之作養。非公竭力建修，何能地址寬潤，房屋適宜，致遐邇之頌揚乎！公生平喜節儉，惡奢侈，樂布衣，好施與，時時爲鄉里子弟勖，故婦孺之修飾者輒畏而避之。懼彦方之見知，恐仲弓之所短，以令仿古，未遑多讓。泉如爲南陽法院檢察官，寄回土綢一匹，以便應用。公售之爲本村修筑寨門之費，馳書申飭。公與弟同居六十餘年，子侄專門畢業者四人。析居之時，家道小康，互相推讓，鄰里稱友恭焉。公念户口蕃滋，無宗祠以妥先靈，令族中捐資生息積款有成，鳩工庇材，不數年而大功告竣。公生於同治七年二月二十日寅時，卒於民國二十三年四月十六日，即夏曆三月初三日辰時，享壽六十有七。長子心源，字泉如，兩任新蔡，現佐治沈邱。次德儒，字聘卿，照料家務，恪遵庭訓。三德化，字雨人，幼聰慧，中學畢業，歷充高小教員，壯志未伸，時論惜之。四德建，字植齋，高師畢業，歷任沁陽師範校長、孟縣縣督學。英才濟濟，萃於一門，不可爲非"積善之家，必有餘慶"也。親族鄰居感往日之庇蔭，懷大樹之飄零，皆思爲公表彰遺徽，以垂不朽。僕竊維蠡管之見，不克敷揚公德以椽筆潤金石，然私心之景仰，固已有素矣。爰爲之歌曰：公之仙鄉，世居沁陽。長兄無禄，早夢黄粱。嗟公孤苦，薪卧膽嘗。隴西是娶，内助稱良。外出就傅，内鮮積倉。弃儒轉計，農而兼商。春風柳陌，秋雨稻香。養親負米，幾歷星霜。服務社會，一邑保障。興利除弊，謀之其臧。悍吏違法，勢如虎狼，從容不迫，抑彼强梁。沁水泛滥，嘆興望洋。桑田滄海，黔赤憂傷。苦心上訴，克免厥糧。保衛財委，竭力勛襄。屢建學校，爲閭里倡。人文蔚起，邦家之光。合族捐助，生息有方。無忝爾祖，創立祠堂。手足友愛，子侄顯揚。芝蘭玉樹，迭出呈祥。不求子貴，俾爾熾昌。兩宰新蔡，告誡偏詳。忽失臂助，幾斷曲腸。玉樓修記，鸞鶴高翔。芳徽宛在，山高水長。人心思慕，久而彌彰。鄰里表德，没世不忘。豐碑屹屹，萬古流芳。

清候選教諭沈邱縣例貢生劉時亮撰文，邑人李銘隱書丹，王興三刻字。

中華民國二十四年歲次乙亥八月十六日北魯村合村公民敬立。

香洲陳公遺愛碑記

邑

古今來能享大名顯當時傳後世者其惟德澤之及人乎職司銜佐朝廷而
已饑已溺之心為後進廣栽培即欲立欲達之志至其持躬之勤儉並品之端
而不能自已亦可見其德惠之入人者深且遠矣香洲陳公諱芳田沁陽望族
餐風宿露二十年中樊遲之稼圃子貢之貨殖一身兼之光緒乙未六月中旬
為非至孝感神其孰能之公三十有二即服務社會近門牆者既煩婚喪之籌
稱之民八年豫河當局派委加築沁河大堤值麥秋時違章取土挖毀民田百
公秉公分配感德者贈匾額以表謝忱善乎孺子之為宰不得專美於前矣民
棠梓之頌民十六放足令下公竭力提倡本村創立女子小學令孫女五六人
被選為利下三圖保衛團團總時北伐軍興供應浩繁公力求樽節有因事相
故為基金所以村史以材倍出嗣後改為完全小學添招高級生一班女八年
屋適宜致退遁之頌揚乎公生平喜節儉惡奢侈樂布衣好施與時時為鄉里
違多讓泉如為南陽法院檢察官寄回土綑一疋以便應用公售之為本村脩
道小康互相推讓鄰里稱友恭為公念戶口蕃滋無宗祠以妥先靈令族中捐
時卒於民國二十三年四月十六日即夏歷三月初三日辰時享壽六十有七
化字雨以幼聰慧中學畢業歷充高小教員壯志未伸時論惜之四德建字楨
之家必有餘慶也親族鄰者感往日之庇蔭懷大樹之飄零皆思為公表彰遺
肴素美冕為之歌曰公之仙鄉世居沁陽長兄無祿早夢黃粱嗟公孤苦薪卧
稻香養親負米幾歷星霜服務社會一邑保障興利除弊謀之其滅悍吏違法
克免厥粮保衛財委竭力勵勸慶建學校為閭里倡人文蔚起邦家之光合族

《香洲陳公遺愛碑記》拓片局部

民國時期

685. 陳老太公芳田先生遺愛碑

立石年代：民國二十四年（1935年）
原石尺寸：高196厘米，寬66厘米
石存地點：焦作市沁陽市西向鎮北魯村陳氏宗祠

〔碑額〕：懿範永存

陳老太公芳田先生遺愛碑

賢豪與斯人同生天地間，等此身耳。然此身不爲名利之身而獨爲利濟之身，即不必擔當宇宙，置身通顯。而成已成人，隨在皆滿。其量具經世之略，尤時存淑世之心。以之樹德行，以之快俯仰，□足以自問生平而無憾矣。河朔陳香洲公籍隸沁陽，自高曾以來，世德卓著。及公嗣承先緒，生而英偉，嚴氣正性，表表一時。顧襟懷雖磊落而愷悌性成，對於親親愛人固度内之一家春也。溯其早年失怙，以寒素力砥艱難。值本鄉沁水爲灾，家室漂摇，一門於汩沉中走長堤自保。公特念慈柩在堂，冒險護持，卒以禮葬。據當日仁親心切，蹈阽危不辭也。此後昏□之餘，率弟白手再造農工商業，夙夜勤勞，家資漸以小康。旋以筑堤之役，該委違章殘民，大不□生。公鋭身急難，竟以訴上台，得罷蠹員，而領恤款。一鄉性命所關，撥云見日，所全宏巨，居人德戴□天，皆公力也。又且此處平田淪陷爲澤國者數百畝，尚須完納丁糧，殊非善後計。公屢經苦陳，得以豁免，赤貧户口，業累幸銷。計公自既冠後，郡推主持社事四十餘年，大公之心，□流照人。爲遠近息事平争不可勝數。凡遇婚喪典禮，靡不悉心經營，各如分量，浹洽衆心者良深。其處常爲斯人典型，遇難尤爲斯人表法。嗣後□遇，爲保衛團團總。嘗北伐□會於閭里，該擔供應，加意體恤，力免浮派。凡稍有釁隙情節，必曲爲委婉調護，融化無形，使人受惠而不覺。□□□……植人才，爲成就後進一大要點。惟肇基建設，成立非易。公自拓本村義塾爲初級小學，經費曾助數十畝之基金，嗣又改組爲完全小學，并添招高級生□□□……幸有公於前此所糾合重修之結義廟，院宇恢廓，壁壘一新，適符校所彬彬。諸生藉庇宇下，既有以迓神休，復賴以寬館舍，甚盛事也。族中□本有□□□，公□倡各盡力集款，助□□□等，數年完備，□堂温室有以序昭穆而妥先靈於春秋禋，祀外閤族□符以瞻依。爲祖考之要宅，宗人之……中本身□門，素以勤儉大義教人，□□□本分而美風俗，莫不帖服。爲都總管，至於臨大事决大計，以斯人之憂樂爲已任，雖風□□□無從□□而爲□□□……有如此。於此見公之關于里社爲福德星而道□，豈可忘哉！是以累次翕然感頌，題額旌門。而總公之生平懿行，同當勒之金石，以垂永久，此□□者之□心□，□□者□□□也。公□嗣四人，長君泉如，兩攝新蔡篆，公迭次諄諄寄書，最以爲地方之民謀福利，足徵仁育之忱，隨在關情。□無限□而□□□□復□□心法以□□斯人，將□□□志述事□□□……良所被其沾溉，正未有艾也。公於民國甲戌春歸道山，享壽六十七歲。大樹飄零依然□□□……紀公之十□□□……以表彰前後太上功德於兹。不替不□，側聆公之德音，無任景行。敢以菲才叙述，崇山高水長之墓。

治下舉人谷元斌敬撰。

邑人李銘隱書丹。

公男心源、德儒、德建謹立。

中華民國二十四年歲次乙亥仲月穀旦。

席氏重修繼志橋碑記

天下事莫為之前雖美弗彰莫為之後雖盛弗傳茲橋之設迺予十二世祖　蔗田公守紹時捐廉獨建也迄今二百余年河水衝激橋底損壞予族人顧心惻急思修理奈荒歉之餘餬口不給時與心違莫可如何二十一年春適縣委以故來查愚等恐先業湮替乃會族人磋商僉曰先人德業豈可聽他人之此事決不可推諉乃以備款重修呈請　縣政府蒙批准予席氏修理管中備洋一百一十九元恐不敷用謀於席溝河底諸族人伊等慷慨樂輸村中眾亦拮据醵金鳩工運石舉事于甲戌季春藏事于乙亥孟夏計費金三百一十二元費工貳百有奇今樹石以叙始末非敢云繼亦盡子孫之責而已噫　蔗田公繼厥考之志愚等又繼　蔗田公之志後之人嗣而修之庶斯橋之不朽也

中華民國二十五年三月　吉日　立

686. 席氏重修繼志橋碑記

立石年代：民國二十五年（1936年）
原石尺寸：高185厘米，寬66厘米
石存地點：三門峽市澠池縣天池鎮下馬韃村

席氏重修繼志橋碑記

天下事莫爲之前，雖美弗彰；莫爲之後，雖盛弗傳。兹橋之設，乃予十二世祖蔗田公守紹時捐廉獨建也。迄今二百余年，河水衝激，橋底損壞。予族人顧□心惻，急思修理，奈荒匪之餘，餬口不給，時與心違，莫可如何。二十一年春，適縣委以故來查，愚等恐先業凌替，乃會族人蹉商，僉曰：先人德業，豈可聽他人□之，此事决不可推諉。乃以備款重修。呈請縣政府蒙批，准予席氏修理。管中備洋一百一十九元，恐不敷用，謀於席溝、河底諸族人，伊等慷慨樂輸，村中□衆亦拮据醵金，鳩工運石。舉事于甲戌季春，蕆事于乙亥孟夏，計費金三百一十二元，費工貳百有奇。今樹石以叙始末，非敢云繼，亦盡子孫之責而已。噫□！蔗田公繼厥考之志，愚等又繼蔗田公之志，後之人嗣而修之，庶斯橋之不朽也。

經理：席廷陳洋二十元，九令洋十五元，鴻猷洋十五元，□□洋二元一角、工十個，令望洋五元、工五個，平洋四元、工八個，瑞閣洋三元、工九個，詳陳洋三元、工九個。世範洋二元、工七個，鴻鈞洋二元、工五個，永泉洋二元、工六個，丕平洋二元、工十個。萬興洋二元，萬鑑洋一元、工三個，萬隆洋一元、工四個，榮清洋二元、工四個，丹桂洋二元。金德洋二元、工八個，上庠洋一元、工二個，永祥洋一元、工六個，榮德洋一元、工七個。榮和洋一元、工四個，彦明洋一元、工八個，福海洋一元、工五個，萬林洋一元、工七個。榮祖洋一元、工四個，光祖洋一元，同德洋一元、工十二個，圭璋洋一元、工五個。居敬洋一元、工二個，□清洋一元、工六個，桂林洋一元、工六個，蘭桂洋一元。小堂洋一元、工三個，從軍洋一元，工一個，金屏洋一元、工二個，龍章洋一元、工五個。法子洋一元、工六個，德雲洋一元、工五個，治子洋一元、工六個，榮椿洋五角、工六個。順娃洋五角、工一個，龍賓洋五角，榮興洋五角，本貞洋五角。

席溝：席學博、金車、金蘭、永慶，各兩元。從政洋二元。金箱、金桂、石娃、文貴、文明、文泰、文山、永川，以上各洋一元五角。文林、文會、文德、永祥、永獻、永貴、永平，德元、德修、從德、從義、天星、文英、守志、天子、平子、張子、圈子、房子、永官、金重、鐵子，以上各洋一元。順娃、長泰、學子、安子、川子、文玉、文光、文星、金甲、從善、永賓、永山、永魁、永堂、永禄、永晏、德清、永隆、永明、灵栓、從□、文恭、文錦，以上各洋五角。登子洋一元。

河底鎮席氏合族捐洋二十一元，南張村席氏合族捐洋七元，金彩洋一元五角。

助工人：高維岳、張鳳彩、荆自成、李永洛、下馬□艾永年、楊德珍、李耀南、董海秀、塚西園：董建道、李進鑑、水泉凹：艾春芳、艾正德，陳家莊蕭群□。張鳳閣、萬□堂、李文章、楊好禮、艾東升、董學博、董學仁、董海棠、田玉堂、李景芳、艾世卿、艾正昇、蘇學蓮、檀作舟、張清池、席金光、金泉、平隆、席□□、董學優、學周、海蓮、董永慶、李進鏡、艾作正、李景生。李紹武、李桂、李永昌、席金海、董炳山、三星、董殿義、田玉棋、董錫桂、李才娃、楊作沚、艾榮先、張文德、李永魁、李永平、張信一、張景芳、李進泰、楊振録、王晚成、董殿隆、楊發春、董清林、楊廷魁、王明月、蘇振榮。高書祥、郭彦子、郭玉城、徐長榮、楊元俊、陳繼良、董書勛、楊四娃、董軍子、郭書子、郭全子、李景義。李嘉猷、李永俊、楊好善、丙之貴、楊好義、楊好智、艾懷子、郭士俊、艾福元、董金章、李廷良、張東方、艾俊超。蕭天申、杜萬林、李文超、李文林、張士俊、荆玉潤、荆連魁、荆饒子、荆創興、艾作沚、孫兆祥、艾世平、蕭天建。張桂榮、劉秉正、楊景春、劉太乙、艾存沼、辛法運、李長生、張文平、楊景文、高自道、李□□、符東里、艾西年。董平治、李永顯、高云長、李芝蘭、李小燕、周維民、王世興、艾森子、彦章、水源、慶寬、清泉、建賓。李進京、永興、守玉、念子、王作敬、李柱子、范中英、楊萬沚、馬兆乾、楊炳春、周得蓮、袁玉柱、楊世俊。古動子、李沼子、李永義、陳永萬、雷攀桂、楊永杰、王尚德、楊好義、艾文藻、艾西方、楊永法、崔紐子、孫進賢。李守玉、李守珍、楊永盛、艾池娃、周得禄、艾鳳彩、艾陳子、楊世耀、艾騰娃、劉安仁、劉東升、艾西升、楊富春、荆連古、姚鴻祥、荆同娃、荆鐵保、荆生娃、馬光三、田玉山、吕清耀、李逢春、喬見子、李文亭、趙月娃、劉魁。雷中花、劉進平、艾鳳來、李振虎、賀宗花、李文生、岳東太、趙頭、陳中、侯五臣、楊。

中華民國二十五年三月吉日立。

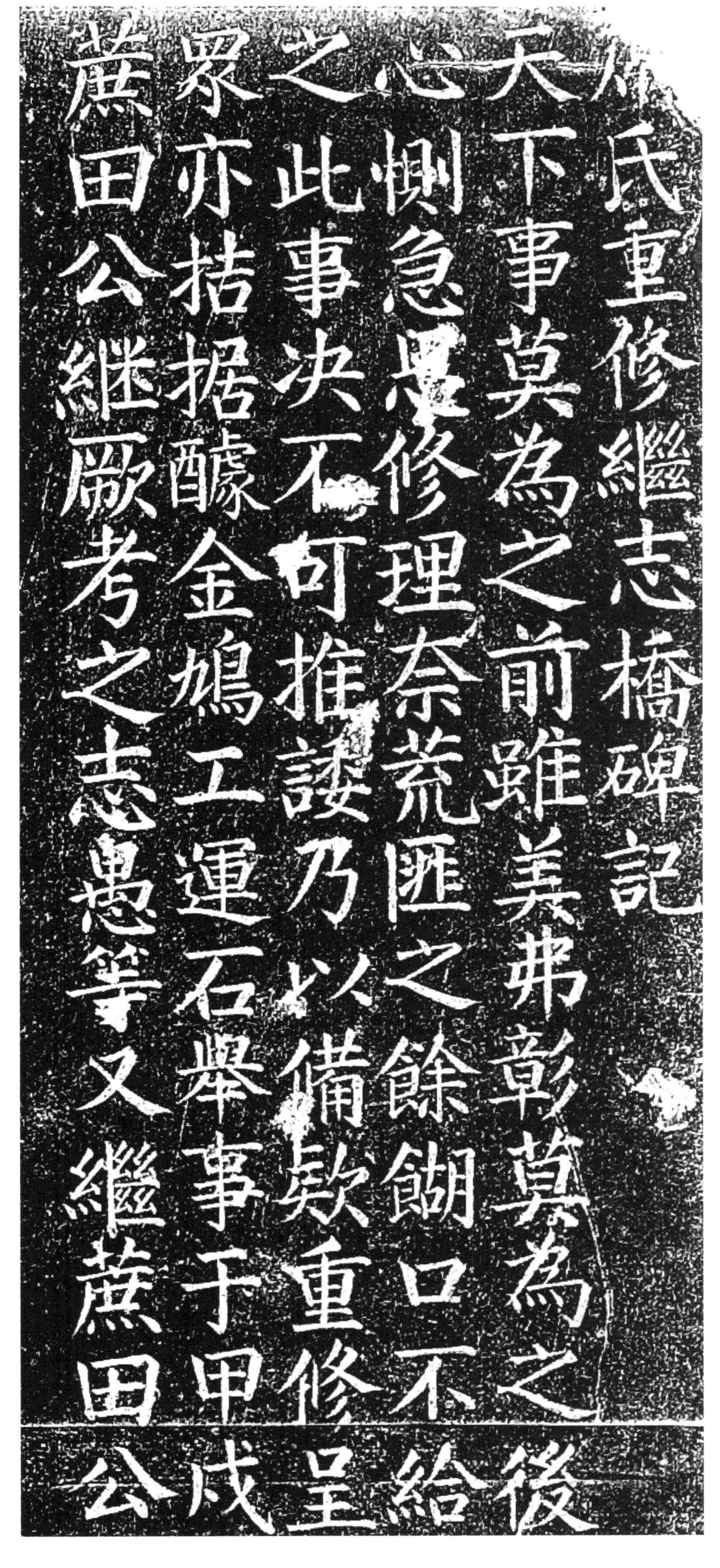
席氏重修繼志橋碑記
天下事莫為之前雖美弗彰莫為之後
心惻急思修理奈荒匯之餘餬口不給
之此事決不可推諉乃以備款重修呈
衆亦拮据醵金鳩工運石舉事于甲戌
蔗田公繼厥考之志愚等又繼蔗田公

《席氏重修繼志橋碑記》拓片局部

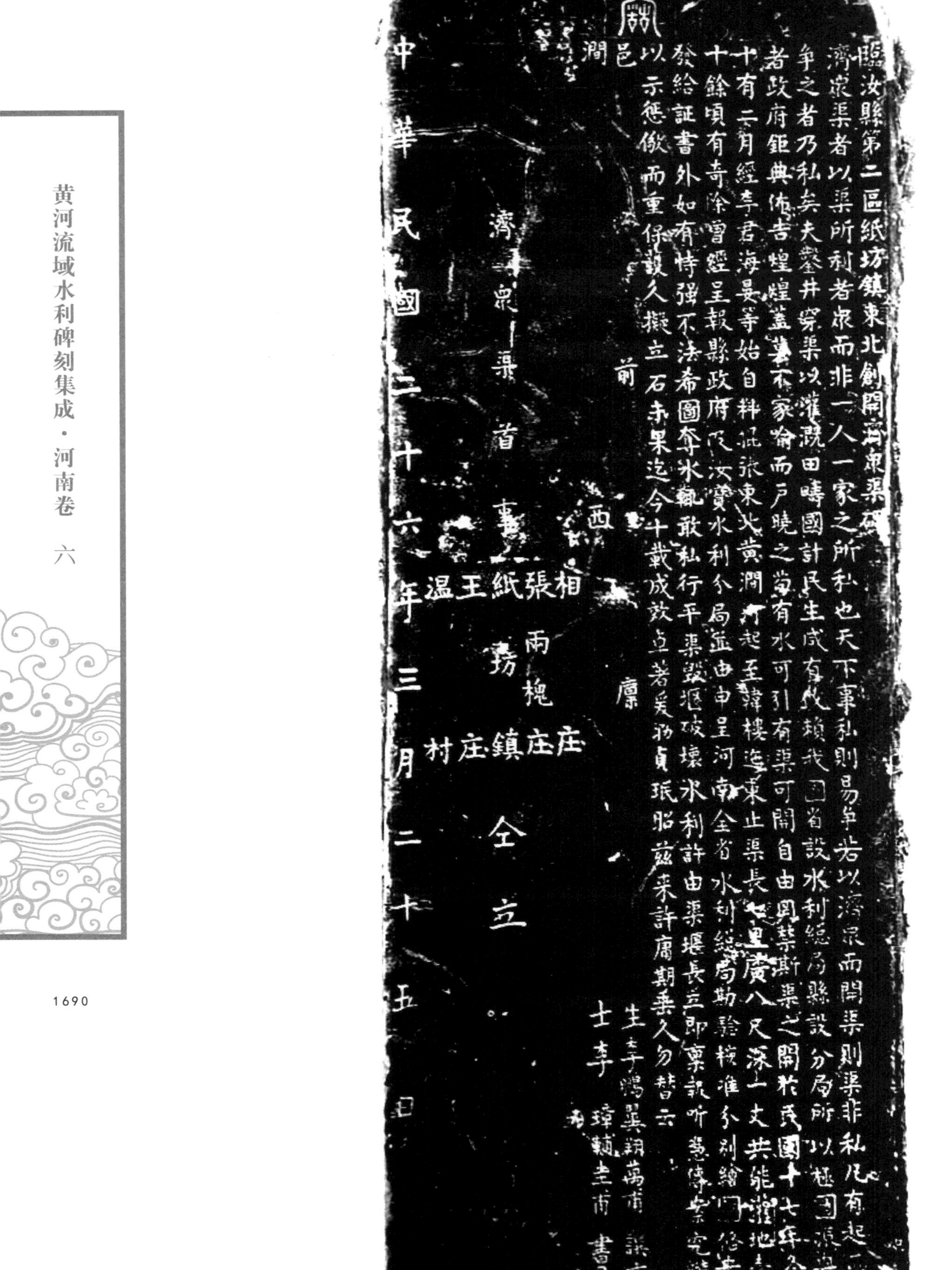

687. 臨汝縣第二區紙坊鎮東北創開濟衆渠碑

立石年代：民國二十六年（1937 年）
原石尺寸：高 125 厘米，寬 42 厘米
石存地點：平頂山市汝州市紙坊鎮張兩槐村西龍王廟

〔碑額〕：漾派千古　　日　月

臨汝縣第二區紙坊鎮東北創開濟衆渠碑

濟衆渠者，以渠所利者衆，而非一人一家之所私也。天下事，私則易争，若以濟衆而開渠，則渠非私，凡有起而争之者，乃私矣。夫鑿井穿渠，以灌溉田疇，國計民生，咸有攸賴。我國省設水利總局，縣設分局，所以極圖振興者。政府鉅典，布告煌煌，蓋莫不家喻而户曉之。苟有水可引，有渠可開，自由罔禁。斯渠之開於民國十七年冬十有二月，經李君海晏等，始自料棍張東北黄澗河起，至韓樓迤東止，渠長七里，廣八尺，深一丈，共能灌地壹十餘頃有奇。除曾經呈報縣政府及汝寶水利分局，并由申呈河南全省水利總局，勘驗核准，分别繪圖備案，發給證書外。如有恃强不法，希圖奪水，輒敢私行平渠毁堰，破壞水利。許由渠堰長立即稟報，聽憑傳案究辦，以示懲儆，而重保護。久擬立石未果，迄今十載，成效卓著。爰勒貞珉，昭兹來許。庸期垂久勿替云。

邑前廩生李鵬翼翔萬甫撰文，澗西士李璋輔圭甫書丹。

濟衆渠首事：相庄、張兩槐庄、紙坊鎮、王庄、温村同立。

中華民國二十六年三月二十五日。

日　山高水長　月

濟安渠工程碑記

臨汝縣東[illegible]濟安渠一道係民國十七年經李君海晏創始未就至民國廿五年工成為天界灌田[illegible]

民命以培國脈誠盛事也其事雖屬天設而其工實由人造至其做工之户良多與其做工之數不等

有不容湮沒者因勒諸石以誌不忘云

全家人買渠口壹畝五分一厘八毫東西兩丈見南至吉姓北至苗六間河水共買地價洋九元記

首事

李先生印瑞

全立

中華民國弍拾陸年四月初十日

688. 濟衆渠工程碑記

立石年代：民國二十六年（1937 年）
原石尺寸：高 120 厘米，寬 48 厘米
石存地點：平頂山市汝州市紙坊鎮張李槐村西龍王廟

〔碑額〕：山高水長　　日　月

濟衆渠工程碑記

臨汝縣東有濟衆渠一道，係民國十七年經李君海晏創始未就，至民國廿五年工成。爲天旱灌田，保□民命，以培國脉，誠盛事也。其事雖属天設，而其工實由人造，至其做工之户良多，與其做工之數不等，□有不容湮没者。因勒諸石，以誌不忘云。

同衆人買渠口壹畝五分一厘八毫，東西兩丈寬，南至吉姓，北至黄間河水，共買地價叁拾九元記。

李先生印璋（以下碑文漫漶不清，略而不録）

中華民國貳拾陸年四月初十日同立。

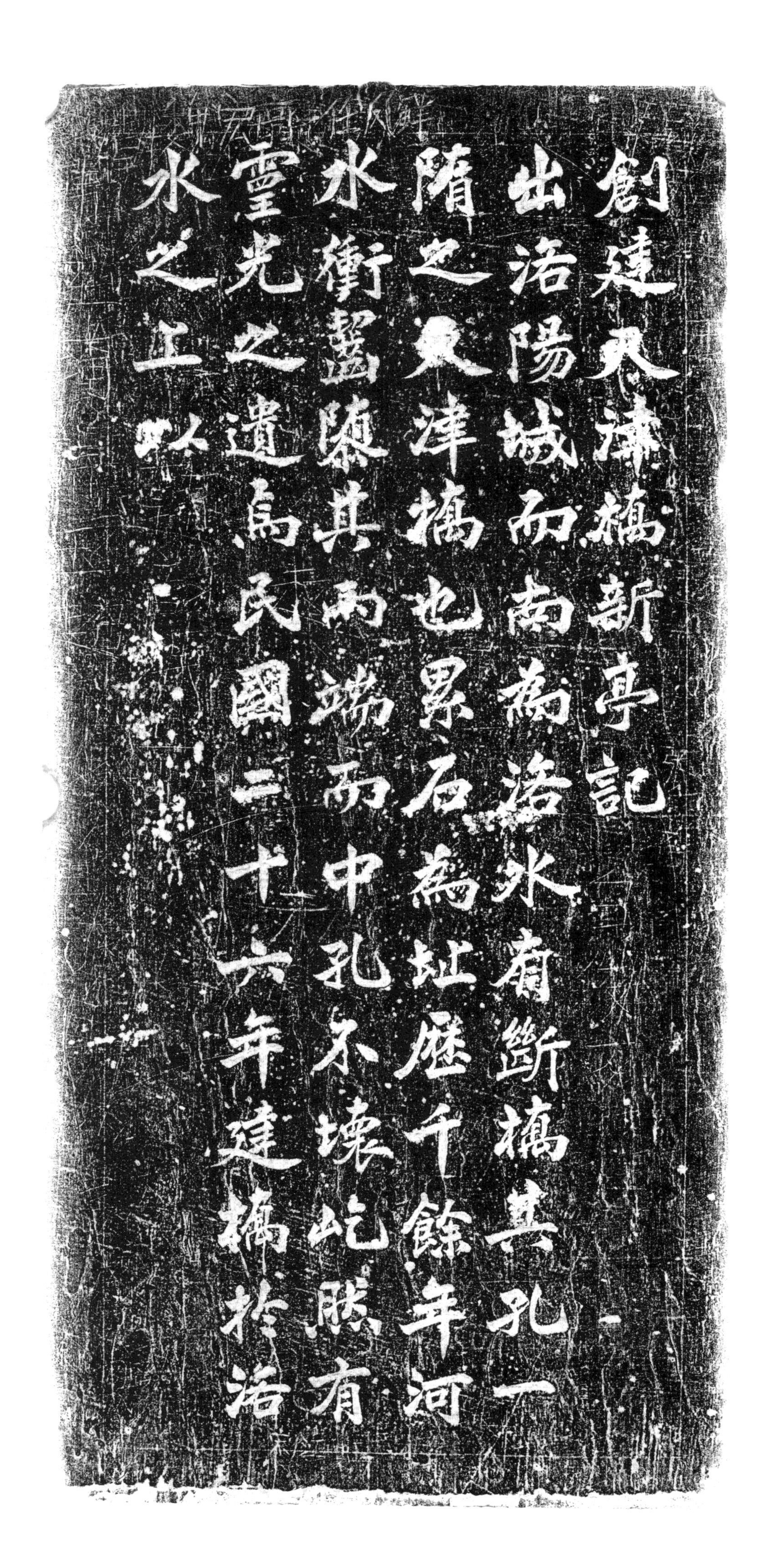

創建天津橋新亭記

出洛陽城而南為洛水有斷橋其孔一隋之天津橋也累石為址歷千餘年河水衝齧隳其兩端而中孔不壞屹然有靈光之遺焉民國二十六年建橋於洛水之上以

689-1. 創建天津橋新亭記碑（一）

立石年代：民國二十六年（1937 年）
原石尺寸：高 78 厘米，寬 35 厘米
石存地點：洛陽市洛龍區安樂鎮安樂窩村北

創建天津橋新亭記

出洛陽城而南爲洛水，有斷橋其孔一，隋之天津橋也。累石爲址，歷千餘年。河水冲擊，隳其兩端而中孔不壞，屹然有靈光之遺焉。民國二十六年，建橋於洛水之上，以（接下石）

國民政府主席[illegible]公之名名之而天津
橋圯在其側不數武承橋工者曰復元
公司顧斥貲葺舊址建亭覆之為閣道
屬之[illegible]森橋於是洛人士女與夫四方
来游者徘徊瞻眺穆然想見漢唐之遺
烈余惟洛之為邑成周而下代稱名都

689-2. 創建天津橋新亭記碑（二）

立石年代：民國二十六年（1937 年）
原石尺寸：高 78 厘米，寬 35 厘米
石存地點：洛陽市洛龍區安樂鎮安樂窩村北

（接上石）國民政府主席林公之名名之。而天津橋址在其側不數武。承橋工者曰“復元公司”，願斥資葺舊址，建亭覆之爲閣，道屬之林森橋。於是洛人士女與夫四方來游者徘徊瞻眺，穆然想見漢唐之遺烈。余惟洛之爲邑，成周而下，代稱名都。（接下石）

垂宗而洛為西京賢士大夫棲遲養老
或託之吟詠寓愛民憂國之思其風流
文采至今照耀在人耳目史言邵康節
在天津橋聞鵑聲知天下將亂物理人
事蓋有相感於無形者今國家承否運
之極無智愚賢不肖憣然思奮而復元

689-3. 創建天津橋新亭記碑（三）

立石年代：民國二十六年（1937 年）
原石尺寸：高 78 厘米，寬 35 厘米
石存地點：洛陽市洛龍區安樂鎮安樂窩村北

（接上石）至宋，而洛爲西京。賢士大夫栖遲養老，或托之吟咏，寫愛民憂國之思，其風流文采至今照耀在人耳目。史言，邵康節在天津橋聞鵑聲，知天下將亂。物理人事，蓋有相感於無形者。今國家承否運之極，無智愚賢不肖，皤然思奮。而復元（接下石）

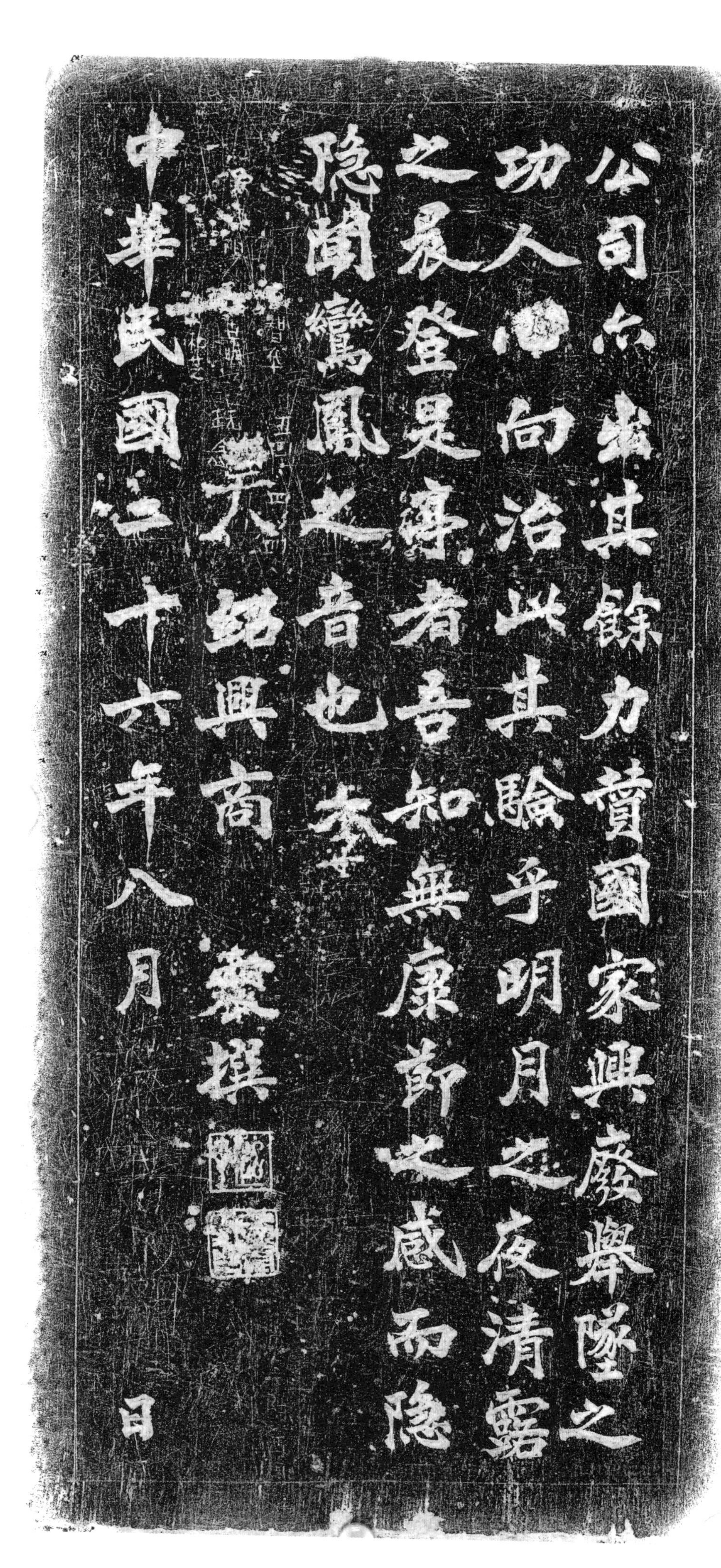
公司亦出其餘力贊國家興廢舉墜之
功人[illegible]向治此其驗乎明月之夜清露
之晨登是亭者吾知無康節之感而隱
隱聞鸞鳳之音也秦
[illegible]天銘興商[illegible]撰
中華民國二十六年八月　日

689-4. 創建天津橋新亭記碑（四）

立石年代：民國二十六年（1937 年）
原石尺寸：高 78 厘米，寬 35 厘米
石存地點：洛陽市洛龍區安樂鎮安樂窩村北

（接上石）公司亦出其餘力，贊國家興廢舉墜之功。人心向治，此其驗乎。明月之夜、清露之晨，登是亭者，吾知無康節之感，而隐隐聞鸞鳳之音也。

吴紹興商震撰。

中華民國二十六年八月日。

金粧白龍聖像碑記

萬安山有躍龍潭焉潭上則爲龍王祠祠之神赫靈不顯每於亢旱祈禱常爲雷雨滿盈慰悦三農而昭蘇萬物夫禮謂有不朽之業者則祀之今聖靈雖無言語文章以匡世而其惠保小民參贊化育之偉較之世人之立德立功者竟何如哉民國初年白草坡先紳曾重修厥祠因世亂而未蔵事祠雖新而神像仍舊今村人不忍視聖像之頹敝乃相與募化四方四方好善士女各捐金以共襄美舉今謁其祠見雕梁画棟金碧輝煌丹其戶牖粉其垣牆聖像中坐兩衣冠晶瑩益思其威靈更昭著也工既竣村人請記於余余閲世之板蕩民之塗炭雄傑之材蟄伏草野而神尚有翼治之舉因述其威靈以爲世之欲立不朽之業者勸焉洛陽許貴恆撰書

許書鼎二元　大彥二元　明吉捐二元　百川二元　廷臣二元　進保大二元　吉聆二元　年茂五元　[illegible]三元　[illegible]山四元　[illegible]三元　[illegible]洋三元　[illegible]二元

許金書　雲台　[illegible]純　上林　九川　清堯　從模　進嶺　四茂　禎祥　金[illegible]　百穴　段佑林　各捐大洋二元　五川老[illegible]

許留[illegible]　[illegible]成　書才　有才　逢云　進祿　福祥　春貴　富存　連鳴　[illegible]垂　同去　各捐大洋二元　繁仔捐伍[illegible]

許有信　汝上　九斤　萬太　萬[illegible]　待林　[illegible]　本立　恆武　昭融　喜雲　常在　各捐大洋六角

許二甲　進木　東坡　繼武　茂己　金水　全土　昭兹　有才　喜成　待群　才秀　朱聚全　各捐大洋四角

白草坡邨首事人

功德主　監工

許峻山貳元　許芝山捐一元　許逢周貳元　許銀堂十元　許繼廉六元　許福壽大洋四十元　許貴祉四元　許鉄山洋貳元　許全喜　許昭範

許朝亮一元　許昭臻捐二元　許富根二元　許金福一元　劉承上五角　許固亭大三元　許耀堂三元　許友良一元　許德元洋貳元　許銀洞

丹青胡庚三　鐵筆魏六成

全立石

中華民國二十七年十二月穀旦

690. 金妝白龍王聖像碑記

立石年代：民國二十七年（1938 年）
原石尺寸：高 108 厘米，寬 51 厘米
石存地點：洛陽市伊濱區李村鎮葦園村

金妝白龍王聖像碑記

萬安山有躍龍潭焉，潭上則爲龍王祠。祠之神赫靈丕顯，每於亢旱祈禱，常爲雷雨滿盈，慰悦三農而昭蘇萬物。夫《禮》謂有不朽之業者則祀之。今聖靈雖無言語文章以匡世，而其惠保小民參贊化育之偉，較之世人之立德立功者竟何如哉？民國初年，白草坡先紳曾重修厥祠，因世亂而未蕆事，祠雖新而神仍舊。今村人不忍視聖像之頽縹，乃相與募化四方。四方好善士女各捐金以共襄美舉。今謁其祠，見雕梁畫棟金碧輝煌，丹其户牖，粉其垣墻，聖像中坐而衣冠晶瑩，益思其威靈更昭著也。工既竣，村人請記于余。余閔世之板蕩、民之塗炭，雄傑之材蟄伏草野，而神尚有翼治之舉。因述其威靈以爲世之欲立不朽之業者勸焉。

洛陽許貴恒撰書。

許書鼎捐大洋二元，許大彦捐大洋二元，許明善捐大洋二元，許百川捐大洋二元，許廷臣捐大洋二元，許進保捐大洋二元，許喜臨捐大洋二元，許清茂捐大洋五元，許秉懷捐大洋三元，許衡山捐大洋四元，許中堂捐大洋三元，和得道捐大洋三元，李光盛捐大洋二元。許金書、許雲台、許純、許上林、許九明、許清堯、許從模、許進嶺、許四箴、許禎祥、許金昆、百定各捐大洋一元。段桂林五角。許富、許君、許書成、許育才、許遂有、許述云、許福禄、許春祥、許富貴、許連寿各捐大洋一元。許鹿鳴捐錢十仟。李岡垂、袁法各捐洋五角。許有信、許汶上、許九智、許書襄、許萬寿、許待衆、許書林、許逢祥、許本立、許偃武、許昭融各捐大洋六角。許喜雲、許當在各捐洋八角。許二甲、許進木、許東坡、許繼斌、許戊己、許金水、許金土、許昭玆、許有才、許喜成、許待群、許才秀、朱聚金各捐大洋四角。

白草坡村首事人：許峻山捐大洋貳元。許芝山捐大洋一元。許逢周捐大洋貳元。功德主許銀堂捐大洋十元，許繼廉捐大洋六元，許福壽捐大洋四十元。許貴禮捐大洋四元。許鐵山捐大洋貳元。許笙喜。監工許昭范。許朝亮捐大洋一元，許昭臻捐大洋二元，許富根捐大洋二元，許金福捐大洋一元，劉承上捐大洋五角，許固亭捐大洋三元，許耀堂捐大洋三元，許友良捐大洋一元，許德元捐大洋貳元。許銀洞。

同立石。

丹青胡庚三，鐵筆魏六成。

中華民國二十七年十二月穀旦。

徐君登蟾施路碑記

石衆大村落而瀕於伊陰伊洛近漸淤淺今餘年來秋潦水漲傍伊村落多圮於水而[illegible]亦罹其害居民相率遷於村之東南者數十餘家自新村[illegible]村田疇多在家北而向無專路徐君[illegible]有[illegible]田在舍東而於北陌往來爲便耕氓漸踐爲路登蟾商之弟登奎遂以其所踐之路共計地九十弗[illegible]寬七尺皆施爲田間官道糧仍隨徐君順路地完納村衆德之謀爲立石以志感登蟾曰此吾先父[illegible]之志也公讀書好善數吾體其志爲此此名宜歸吾父村衆來問余余曰禮士庶人有善本諸父[illegible]以義仁義之事又有所歸美所謂行式物而三善皆得者其在斯乎遂欣然爲援筆以志

周邑高[illegible]祐撰

朱貫[illegible]書

合村仝立

中華民國戊午十八年[illegible]曆元月穀旦

鉄筆朱元福

691. 徐君登蟾施路碑記

立石年代：民國二十八年（1939 年）
原石尺寸：高 165 厘米，寬 76 厘米
石存地點：洛陽市伊濱區李村鎮東石罷村興國寺

徐君登蟾施路碑記

石罷大村落而瀕於伊陰。伊洛近漸淤淺，念餘年來，秋潦水漲，傍伊村落多圮於水。石罷亦罹其害，居民相率遷於村之東南者數十餘家，曰新村。新村田疇多在家北，而向無車路，徐君登蟾有數田在舍東，而於北陌往來爲便，耕氓漸踐爲路。登蟾商之弟登奎，遂以其所踐之路，共計地九十六弓，大寬七尺者，施爲田間官道，粮仍隨徐君順路地完納。村衆德之，謀爲立石以志感。登蟾曰：此吾先父逢□公之遺産也。公讀書好善，故吾體其志爲此，此名宜歸吾父。村衆來問余，余曰：禮士庶人有善，本諸父母。今施以修□以義，仁義之事，又有所歸美。所謂行一物而三善皆得者，其在斯乎。遂欣然爲援筆以志。

同邑高祐撰，同邑朱貫臣書。

合村同立。

鐵筆：朱元福。

中華民國貳十八年□曆元月穀旦。

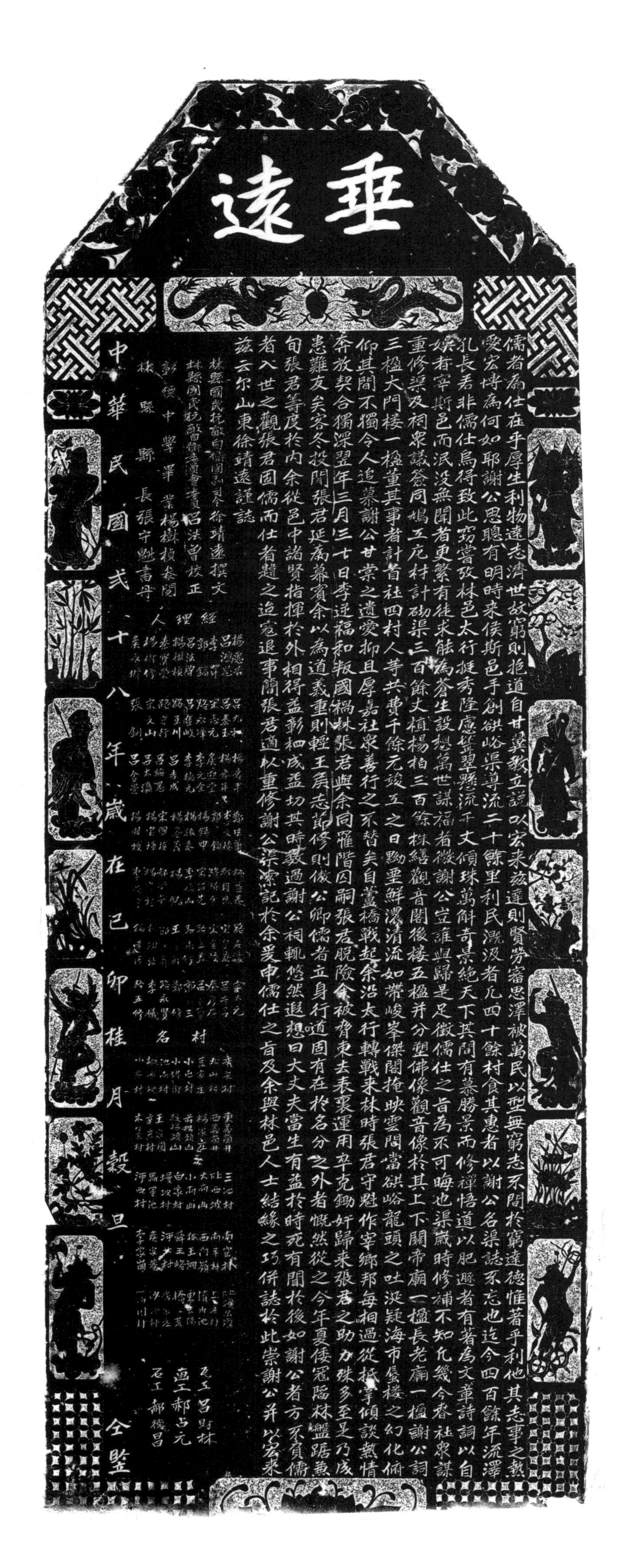
垂遠

692. 重修峪渠碑記

立石年代：民國二十八年（1939 年）

原石尺寸：高 170 厘米，寬 63 厘米

石存地點：安陽市林州市合澗鎮洪谷山謝公祠

〔碑額〕：垂遠

儒者爲仕，在乎厚生利物，達志濟世。故窮則抱道自甘，翼教立説，以宏來兹。達則賢勞審思，澤被萬民，以型無窮。志不間於窮達，德惟著乎利他，其志事之熱愛宏博爲何如耶。謝公思聰有明時來侯斯邑，手創洪峪渠，導流二十餘里，利民溉汲者，凡四十餘村。食其惠者，以謝公名渠，誌不忘也。迄今四百餘年，流澤孔長，若非儒仕，烏得致此？竊嘗考林邑，太行挺秀，隆慮聳翠，懸流千丈，傾珠萬斛，奇景絶天下。其間有慕勝景而修禪悟道以肥遯者，有著爲文章詩詞以自娱者，宰斯邑而泯没無聞者更繁。有徒求能爲蒼生設想萬世謀福者，微謝公豈誰與歸。是足徵儒仕之旨，爲不可晦也。渠歲時修補不知凡幾。今春社衆謀重修渠及祠，衆議簽同，鳩工庀材，計砌渠三百餘丈，植楊柏三百餘株。繕觀音閣後樓五楹，并分塑佛像、觀音像於其上下；關帝廟一楹，長老廟一楹，謝公祠三楹，大門樓一楹。董其事者計首社四村人等，共費千餘元。竣工之日，黝堊鮮濃，清流如帶，峻峰傑閣，掩映雲間。當洪峪龍頭之吐涎，疑海市蜃樓之幻化。俯仰其間，不獨令人追慕謝公甘棠之遺愛，抑且厚嘉社衆善行之不替矣。自蘆橋戰起，余沿太行轉戰來林時，張君守魁作宰鄉邦，每相過從，抵掌傾談，熱情奔放，契合獨深。翌年三月三十日，李逆福和叛國禍林，張君與余同罹階囚。嗣張君脱險，余被脅東去，表裏運用，卒克鋤奸歸來，張君之助力殊多，至是乃成患難友矣。客冬投閒張君延爲幕賓，余以爲道義重則輕王侯，志節修則傲公卿。儒者立身行道，固有在於名分之外者，慨然從之。今年夏，倭寇陷林，盤踞兼旬，張君籌度於内，余從邑中諸賢指揮於外，相得益彰，梱成益切。其時数過謝公祠，輒悠然遐想曰：大丈夫當生有益於時，死有聞於後。如謝公者，方不負儒者入世之觀。張君固儒而仕者韙之。迨寇退事簡，張君適以重修謝公渠索記於余，爰申儒仕之旨，及余與林邑人士結緣之巧，併誌於此，崇謝公并以宏來兹云尔。山東徐靖遠謹誌。

林縣國民抗敵自衛團副司令徐靖遠撰文，林縣國民抗敵自衛委員會委員吕法曾校正，彰德中學畢業楊樹楨參閲，林縣縣長張守魁書丹。

經理人：楊惠吉、吕鴻恩、李芹、郭鎬、吕法曾、楊樹楨、秦寶榮、楊樹修、侯永墀、吕九和、吕泰玉、宋志元、路永璋、吕金岐、路玉川、路守行、宋文山、張釗、楊春平、楊春年、侯迎堂、李元全、李德元、吕吉成、吕綏思、吕太瀛、吕金崇、鄭法華、李文德、郭鈞、楊錫申、楊振泰、楊春義、宋國楨、楊宝璋、楊國楨、楊益泰、郝維熙、路得金、宋紹先、李德山、楊鐈、郝樹芳、楊官福、李寛學、路永護、宋全泰、宋金陵、路五美、王昇、郭日昇、楊樹沚、楊道清、宋太元、吕吉昌、秦彦存、吕金華、郭餘三、鄭修、路永賢、李儀、路五修。

村名：辛安村、北山村、豆家莊、小屯村、小傅村、池南村、椒園村、小豐村、東義蘭井、西義蘭井、楊家莊、前拐頭山、後拐頭山、王家園、辛莊村、木纂村、三池村、上下西坡、大南山、小南山、白家村、墁坡村、馬軍池、河西村、南窑村、南平村、西門嶺、狐王洞、舜王峪、河北村、侯家庵、李家崗、上下頃爾堰、上莊村、清水池、東太陽、橋北荒、常家莊、沙河村、蒿園村。

瓦工吕財林，畫工郝占元，石工郝德昌。

中華民國貳十八年歲在己卯桂月穀旦同竪。

新創老君洞碑記

錦屏山列峯十之有二，而香山峯下鑿土崖造作洞府，邃靜幽雅，鎸老子道君像於石位其間而祀焉者，協盛煤礦報神功也。協盛云者，即義啟諸同人張克寬、李桂芳、胡幹岑、黃幹岑、張精軒等公共法團之名稱也。其礦地址在裏濟柏坡流陂崖等處，於民國十六年開採，草創伊始，諸凡棘手，二三年間義啟諸同人經營締造，艱難備嘗，而礦務日有起色矣。歷年來諸股東被澤既多，而善舉亦有不可泯滅者。民一八年歲饑，邑設粥場，該同人以煤助粥場之用，或窮乏不能自存，隨時周恤，不一而足。更可喜者，引渠水由城西門穿入西街，歷中街、縣前街，直達東關閣門外，而旁支又分流後大街西東，便民利物，好莫名狀，此協盛煤礦之事實也。迨民二六年礦事歇辦，所有外欠錙銖必償，雖遠邇不遺分文，真盛事也。今年秋張佩鶯、胡幹青、黃醒宇、黃幹岑、張精軒等公同提倡，為妥神地籌款鳩工，就香山峯下擇定妥叶，於八月動工開鑿，於是計畫進行之手續，規定洞制廣狹淺深低昂之宜，布置建造相當之點綴，天然之中寓有佳趣，雖無雕梁畫棟之飾、山節藻棁之文與夫鉤心鬥角、鳥革翬飛之觀，而風景幽雅，興味殊多，其可以妥神也蔑以加矣。事蕆，幹岑兄過我，按意屬余文，余不文，聊以不文文是序。

邑城內人許蓮青撰言

張成堂書丹

中華民國二十八年九月立石

693. 新創老君洞碑記

立石年代：民國二十八年（1939 年）
原石尺寸：高 113 厘米，寬 56 厘米
石存地點：洛陽市宜陽縣香山寺

新創老君洞碑記

錦屏山列峰十之有二，而香山峰下鑿土崖造作洞府，邃静幽寂，鎸老子道君像於石，位其間而祀焉者，協盛煤礦報神功也。協盛云者，即發啓諸同人張克寬、季桂芳、胡幹青、黄幹岑、張構軒等公共法團之名稱也。其礦地址在裏溝、柏坡、流陂崖等處，於民國十六年開采。草創伊始，諸凡棘手，二三年間，發啓諸同人經營締造，艱難備尝，而礦勢日有起色矣。歷年來，諸股東被澤既多，而善舉亦有不可泯滅者。民一八年，歲饑，邑設粥場，諸同人以煤助粥場之用。或窮乏不能自存，随時周恤，不一而足。更可喜者，引渠水由城西門穿入西街，歷中街、縣前街，直達東關閣門外，而旁支又分流後大街西东，便民利物，好莫名状，此協盛煤礦之事實也。迨民二六年，礦事歇辦，所有外欠錙銖必償，雖遐邇不遺分文，真盛事也。今年秋，張佩鶩、胡幹青、黄醒宇、黄幹岑、張構軒等公同提倡，爲妥神地籌款鳩工，就香山峰下擇定妥叶，於八月動工開鑿。於是，計畫進行之手續規定，洞制廣狹涉深低昂之宜布置，建造相當之點綴，天然之中，寓有佳趣。雖無雕梁畫棟之飾、山節藻棁之文，與夫鈎心鬥角、鳥革翬飛之觀，而風景幽雅，興味殊多，其可以妥神也，蔑以加矣。事蔵，幹岑兄過我授意，屬余文之，余不文，聊以不文文之。是序。

邑城内人許蓮青撰言。

張威堂書丹。

中華民國二十八年九月立石。

碑記

天下事創興因而已爲我村中舊有[illegible]
池一個上帶四方地至世世言語相[illegible]
未有文契憑証不勉時常發生口角今
歲保甲長合同會中人等從中煎明[illegible]
碑勒石以垂後世云

東　南至石界東面直照
南　東至路中
至　北至小岸下
段

東至上岸下滴水
北至路中
南至路中
西至路中

西　上
東至路中
北至上墻下滴水
北边西至石界
兩下南至岸下滴水
西至上墻下滴水
至边北至山墻下滴水照[illegible]

民国廿八年歲次己卯嘉平月　立

694. 大郊村水池地段四至碑

立石年代：民國二十八年（1939 年）
原石尺寸：高 58 厘米，寬 37 厘米
石存地點：安陽市林州市茶店鎮張大郊村慈恩寺

〔碑額〕：碑記

天下事創與因而已。爲我村中舊有池一個，上帶四方地至，世世言語相傳，未有文契憑證，不勉時常發生口角。今歲保甲長合同會中人等從中照明，刻碑勒石，以垂後世云。

東、南至段：南至石界，東西直照。東至路中，北至小岸下。

東至上岸下滴水，北至路中，南至路中，西至路中。

西、北两至：上边：東至路中，北至上墻下滴水，西至石界。下边：南至岸下滴水，西至上墻下滴水，北至山墻下滴水。照過。

民國廿八年歲次己卯嘉平月立。

陸軍中将南陽警備司令宋公首三重修温泉碑記

温泉為吾嵩八景之一，地勢名勝，傳已久，創修重修，曆有碑記。至民初年忽被山水暴發，沖壞一切，女池因之難爲，茂草一片荒凉，男池雖在，亦圮敝殘略，不適衛生之用。陸軍中将南陽警備司令宋公首三於民十八年親蒞其地，愴然動念，捐貲将女池修起。至民二十二年重臨，仍覺規模簡陋，意欲重修一番，令其焕然改觀，以適於用。遂派副官房竹生等，尅日興作，鳩工庀材，又将男女两池一概蕫而新之，開天牕以透空氣，添石級以便肩坐，共費洋二千一百元。由是瓦屋六間，嶄然一新，新其耳目，正所以新其身體，並希望新其心思智慮。倘吾邑人士皆從此浴德澡身，滌慮洗心，法湯銘日新又新，以去其舊染而盡成新國家新民衆焉，斯不負吾司令熱心籌捐之至意也。太李薰撰，王之萬書

首事　劉□陞　劉□田　牛克仁　杜福宣　□父　杜六吉　王玉娃　杜鎮劍　黃云才　杜庭甫　梁□　李□□　馮從周　任相斌　阮□勳　田仲山　房兆振　王白南　中三才　孫進才　李治祥　張青齊　時文治　趙萬傑　張文彪　艾景明　田錫光　杜廷煥　胡殿□　王天德　杜玉棠　張文奎　宋清□　李玉□　陳九思　仝立石

中華民國二十九年三月上浣穀旦

695. 宋首三重修温泉碑記

立石年代：民國二十九年（1940 年）
原石尺寸：高 178 厘米，寬 66 厘米
石存地點：洛陽市嵩縣田湖鎮

〔碑額〕：名以永□

陸軍中將南陽警備司令宋公首三重修温泉碑記

温泉爲吾嵩八景之一，地勢名勝，相傳已久，創修重修，歷有碑記。至民初年，忽被山水暴發冲壞一切。女池固已鞠爲茂草，一片荒凉；男池雖在，亦圮敝殘略，不適衛生之用。陸軍中將南陽警備司令宋公首三，于民十八年親莅其地，愴然動念，捐資將女池修起。至民二十二年重臨，仍覺規模簡陋，意欲重修一番，令其焕然改觀，以適于用。遂派副官房竹生等，克日興作，鳩工庀材，又將男、女兩池一概葺而新之，開天窗以透空氣，添石級以便廣坐。共費洋二千一百元。由是瓦屋六間，嶄然一新。新其耳目，正所以新其身體，并希望新其心思智慮。倘吾邑人士皆從此浴德澡身，滌慮洗心，法湯銘日新又新，以去其舊染，而盡成新國家新民衆焉。斯不負吾司令熱心籌捐之至意也夫！

李薰撰，王之萬書。

首事：胡殿魁、胡殿甲、牛克仁、杜福定、艾□勝、杜安吉、王玉娃、杜銕創、黄雲才、杜庭蘭、梁笛、李岩、馮從周、任祖斌、阮勃、田仲山、房永振、王召南、申三才、孫進才、李治祥、張青奇、時文治、趙萬傑、張文彪、艾景明、田錫光、杜廷焕、胡殿鼇、王天德、杜玉棠、張文奎、宋清恮、李玉榮、陳九思。

同立石。

中華民國二十九年三月上浣穀旦。

重修黃大王祠堂碑記

黃大王諱守才字完三號對泉偃師王莊鎮人生而神者也誕降於明萬歷戊戌升遐於清康熙甲辰俱在十二月十四日受封於乾隆三年瀍塵淡宊當時有活河神之稱生前靈異不勝彈述及沒地方紳耆因總河白鍾三為王請封經高宗御筆批准封為靈佑襄濟之神總理江河飭各州府縣立廟虔製神牌以祀而吾偃祠宇首先告成每歲遣官致祭祀典常新所謂誕辰祭祠者也嗣後例贈顯惠贊順普利昭應孚澤綏靖溥化保民德蔭等封號至光緒十三年河決鄭州河督吳大澂迎王神像供奉東堤兩閱月鄭工蕆事奏上德宗以王顯靈復加封護國二字起山門築舞台頒賜御書淡防助順額命官鎸掛於祠以答神庥兼發帑銀二千兩為黃氏子孫立義塾焉不意民國十二年禹歷九月十九日大殿燬於火地方人觸目驚心愧無以妥神靈於是相繼群起十五年高永黃金成務梅等築台砌基二十二年蕭廷端略購材木二十三年復有王三公王樹棠黃景南華縣雷天順伊川黃萬德以及李賓華王天合楊長青高長水楊子茂黃相成黃鑫等出衆擎齋舉鳩工庀材大施經營而祠堂告竣王之神靈庶有所妥矣雖暖閣槅扇尚功虧一簣而物料俱備值國難未平暫俟異日是役也歷時數年之久仍其舊規三楹落成於二十五年五月望日前後共費國幣八千餘元盡出募化之力或曰王祠曾經重修但碑碣與祠同遭回祿年月姓名無從稽考不得不付諸郭公夏五之例王莊鎮今改曰襄濟鎮以王名之也謹記

清增廣生貢湖北第五區行政督察專員公署參事王　楹撰文

清敕授徵仕郎宣統己酉科拔貢試用直隸州州判王樹棠書丹

高小校畢業獎二等嘉禾章王藎臣篆額

中華民國叁拾年孟夏月仲浣穀旦　鐵筆白鳳林

696. 重修黃大王祠堂碑記

立石年代：民國三十年（1941 年）
原石尺寸：高 164 厘米，寬 65 厘米
石存地點：洛陽市偃師區岳灘鎮王莊村

重修黃大王祠堂碑記

黃大王諱守才，字完三，號對泉，偃師王莊鎮人。生而神者也，誕降於明萬曆戊戌，升遐於清康熙甲辰，俱在十二月十四日。受封於乾隆三年，灑塵淡灾，當時有“活河神”之稱。生前靈异，不勝殫述。及没，地方紳耆因總河白鍾三爲王請封，經高宗御筆批准，封爲“靈佑襄濟之神”，總理江河，飭各州、府、縣立廟，虔製神牌以祀。而吾偃祠宇首先告成，每歲遣官致祭，祀典常新，所謂誕辰祭祠者也。嗣後，例贈“顯惠”“贊順”“普利”“昭應”“孚澤”“綏靖”“溥化”“保民”“德蔭”等封號。至光緒十三年，河决鄭州，河督吴大澂迓王神像，供奉東堤。兩閲月，鄭工蕆事奏上，德宗以王顯靈，復加封“護國”二字。起山門，築舞台，頒賜御書“茨防助順”額，命官鎸挂於祠，以答神庥。兼發帑銀二千兩，爲黃氏子孫立義塾焉。不意民國十二年禹曆九月十九日，大殿毁於火，地方人觸目驚心，愧無以妥神靈，於是相繼群起。十五年，高永、黃金成、楊梅等築台砌基。二十二年，蕭廷瑞略購材木。二十三年，復有王三公、王樹棠、黃景南、鞏縣雷天順、伊川黃萬德，以及李寶華、王天合、楊長青、高長水、楊子茂、黃相成、黃鑫等出，衆擎齊舉，鳩工庀材，大施經營。而祠堂告竣，王之神靈庶有所妥矣。雖暖閣櫺窗尚功虧一簣，而物料具備，值國難未平，暫俟异日。是役也，歷時數年之久，仍其舊規三楹，落成於二十五年五月望日，前後共費國幣八千餘元，盡出募化之力。或曰王祠曾經重修，但碑碣與祠同遭回禄，年月、姓名無從稽考，不得不付諸郭公夏五之例。王莊鎮今改曰襄濟鎮，以王名之也。謹記。

清增寬生員湖北第五區行政督察專員公署參事王楹撰文。

清敕授徵仕郎宣統己酉科拔貢試用直隸州州判王樹棠書丹。

高小校畢業獎二等嘉禾章王藎臣篆額。

鐵筆：白鳳林。

中華民國叁拾年孟夏月仲浣穀旦。

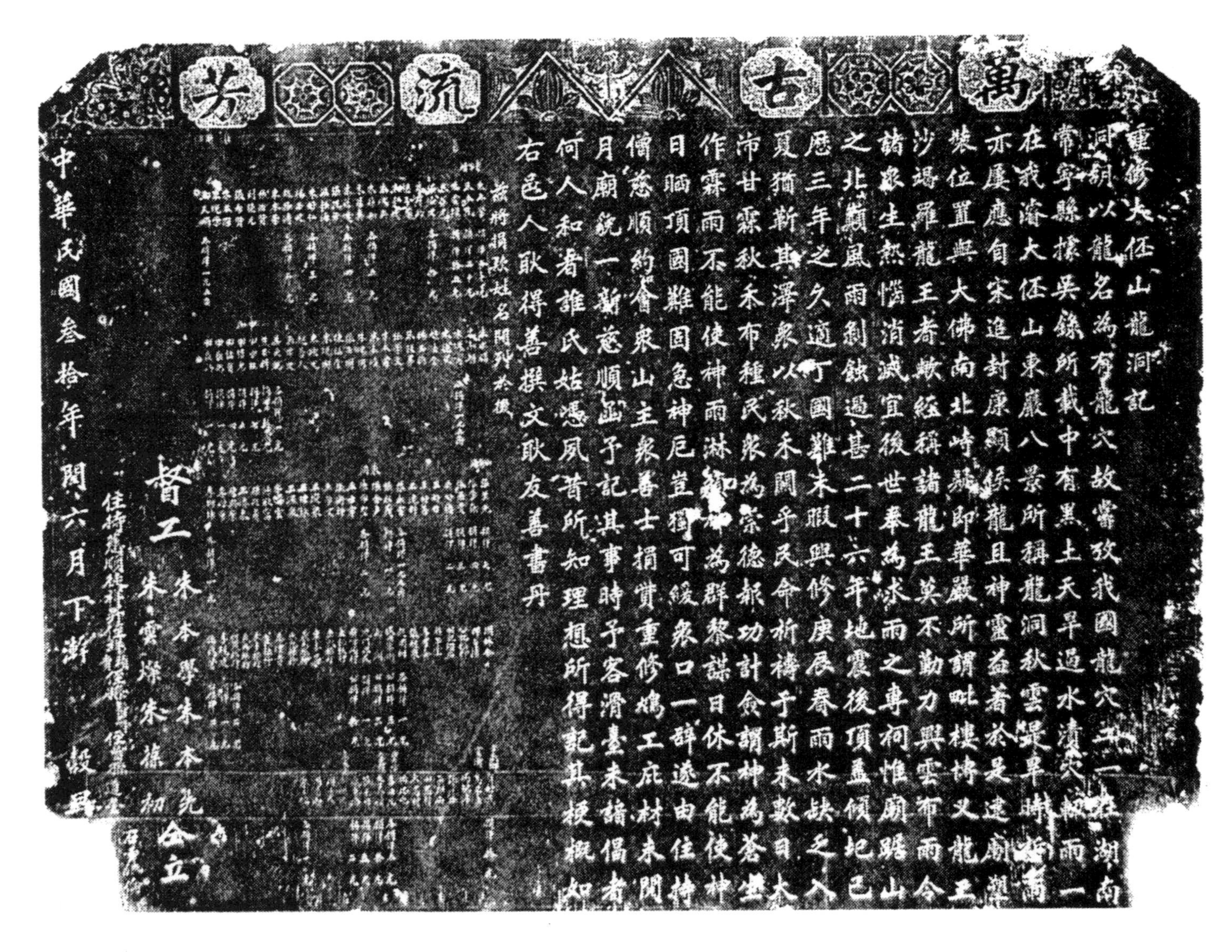

萬古流芳

重修大伾山龍洞記

洞胡以龍名為有龍穴故當攷我國龍穴二一在湖南常寧縣據吳錄所載中有黑土天旱過水潰穴而一在我浚大伾山東巖八景所稱龍洞秋雲[illegible]旱時[illegible]亦屢應自宋追封康顯侯龍且神靈益著於是建廟塑裝位置與大佛南北峙[illegible]即華嚴所謂毗樓博叉龍王沙竭羅龍王者歟經稱諸龍王莫不勤力興雲布雨令諸衆生熱惱消滅宜後世奉為求雨之專祠惟廟踞山之北巔風雨剝蝕過甚二十六年地震後頂蓋傾圮已歷三年之久適丁國難未暇興修庚辰春雨水缺乏入夏猶靳其澤衆以秋禾關乎民命祈禱于斯未數日大沛甘霖秋禾布種民衆為感德報功計僉謂神為蒼生作霖雨不能使神雨淋[illegible]為群黎謀日休不能使神日晒頂國難固急神[illegible]豈獨可緩衆口一辭遂由住持僧慈順約會衆山主衆善士捐貲重修鳩工庀材未閱月廟貌一新慈順函予記其事時予客滑臺未諳倡者何人和者誰氏姑憑風者所知理想所得記其梗概如右邑人耿得善撰文耿友善書丹

茲將捐款姓名開列於後

督工　朱本學　朱本先　朱雲烺　朱棣[illegible]　朱[illegible]初　仝立

住持慈順[illegible]

中華民國叁拾年閏六月下澣　穀旦

697. 重修大伾山龍洞記

立石年代：民國三十年（1941 年）
原石尺寸：高 110 厘米，寬 141 厘米
石存地點：鶴壁市浚縣大伾山龍洞

〔碑額〕：萬古流芳

重修大伾山龍洞記

洞胡以龍名？爲有龍穴故。嘗考我國龍穴二：一在湖南常寧縣，據《吴録》所載：中有黑土，天旱遏水，漬穴輒雨；一在我浚大伾山東岩，八景所稱“龍洞秋雲”。是旱時祈雨亦屢應。自宋追封“康顯侯”，龍且神靈益著，於是建廟塑裝，位置與大佛南北峙，疑即《華嚴》所謂“毗樓博叉龍王、沙竭羅龍王”者歟？《經》稱諸龍王莫不勤力興雲布雨，令諸衆生熱惱消滅，宜後世奉爲求雨之專祠。惟廟踞山之北巔，風雨剥蝕過甚，二十六年地震後，頂盖傾圮，已歷三年之久，適丁國難，未暇興修。庚辰春，雨水缺乏，入夏猶靳其澤，衆以秋禾關乎民命，祈禱于斯。未數日，大沛甘霖，秋禾布種。民衆爲崇德報功計，僉謂：“神爲蒼生作霖雨，不能使神雨淋頭。神爲群黎謀日休，不能使神日晒頂。國難固急，神厄豈獨可緩？”衆口一辞，遂由住持僧慈順約會衆山主、衆善士捐資重修，鳩工庀材。未閱月，廟貌一新，慈順函予記其事。時予客滑臺，未諳倡者何人，和者誰氏，姑憑夙昔所知，理想所得，記其梗概如右。邑人耿得善撰文，耿友善書丹。

兹將捐款姓名開列於後：（以下姓名漫漶不清，略而不録）

督工：朱本學、朱雲燦、朱本先、朱葆初同立。

住持：慈順，徒祥升，侄祥禎，祥貴，侄孫静峰，侄曾孫道奎。

石工張倫。

中華民國叁拾年閏六月下澣穀旦。

流芳
日
月
陸軍中將第七十五師師長
公首三先生水道碑
兩程故里民衆仝立
中華民國三十年十一月　吉

698. 宋首三率衆開通水道碑記

立石年代：民國三十年（1941 年）
原石尺寸：高 162 厘米，寬 56 厘米
石存地點：洛陽市嵩縣田湖鎮程村二程祠

〔碑額〕：流芳　　日　月

陸軍中將第七十五師師長宋公首三先生水道碑

天下非常之事物，必成于若非常之人。蓋非常之人，皆時出非常之□，□所罕見者。自民國肇興，吾嵩之偉人傑士多矣。關於公益，若人焉。是以□貧□弱□□者義舉也，修道施茶亭者公臣也。聞□溝渠保重□□者，興利除害也。提倡學校事，惠及桑梓，功德地方。惟陸軍第七十五師師長宋公首三者，獨居之□村西，有麥溝洪暴出，禾苗屢爲淹没，良田垂成石沙，爲害□□□□□□宋公首三先生□灾□情，因謀□村民衆開□水□□入樊□，占地□□一分八厘，渠長二百四十□弓，北□一丈，□□□尺，□時價□十元一畝收買，自此灾禍盡除，皆獲福利。村衆以威德無報，因勒貞珉，聊表寸忱，以誌永久云。

兩程故里民衆同立。

中華民國三十年十一月吉□。

善[illegible]其[illegible]之莫可[illegible]也此事之所以有重修新修者也吉珍庄舊有三大士殿一所[illegible]世[illegible]年[illegible]雨[illegible]
根[illegible]係[illegible]經民國二十六年六月二十五日黎明地球大震翌日吴雨翻盆七日不絶[illegible]月初三[illegible]
微風[illegible]倒屋塌到處皆然[illegible]此廟宇神像大受影響本村人等[illegible]然均起重修之[illegible]
六[illegible]雖有碩木遂迨至民國三十年春太邱社首糾合大衆同声相應開始獨力重修不數日功成[illegible]
見廟宇[illegible]煥[illegible]方無不來觀本村捐地捐[illegible]諸貞[illegible]其巔末而爲之序

[illegible]師範畢業鄧[illegible]卿撰文

小學畢業鄧守和書丹

首事鄧[illegible] 捐洋二十四元八角
副首王榮[illegible] 捐洋[illegible]元[illegible]角
鄧煥堂 捐洋八元[illegible]角
王先振 捐洋八元[illegible]角
鄧[illegible] 捐洋[illegible]元[illegible]角
王樂吉 捐洋[illegible]元[illegible]角
鄧守仁 捐洋十[illegible]元八角
王[illegible] 捐洋[illegible]元[illegible]角
王[illegible] 捐洋六元[illegible]角
鄧[illegible] 捐洋廿元零九角
鄧[illegible]卿 捐洋十三元[illegible]角
鄧[illegible] 捐洋二十[illegible]元[illegible]角
鄧培田 捐洋十三元八角
王常江 捐洋三元九角
鄧[illegible] 捐洋一元六角
王常清 捐洋三元[illegible]角
鄧守士 捐洋一元一角
鄧守[illegible] 捐洋二元二角
王[illegible] 捐洋八元八角

王[illegible]山 捐洋[illegible]角
王志文 捐洋[illegible]角
[illegible]法[illegible] 捐洋十六元五角
[illegible] 捐洋[illegible]元八角
[illegible] 捐洋[illegible]角
王文[illegible] 捐洋五元[illegible]角
王[illegible] 捐洋[illegible]角
鄧守[illegible] 捐洋[illegible]角
趙法吉 捐洋[illegible]角
王[illegible] 捐洋[illegible]角
王道[illegible] 捐洋[illegible]角
鄧[illegible]堂 捐洋[illegible]角
侯[illegible] 捐洋四元[illegible]角
侯[illegible] 捐洋[illegible]
侯見[illegible] 捐洋[illegible]元六角
[illegible] 捐洋二元二角
鄧守賢 施洋二十元
鄧秋堂 施洋十五元
鄧守儒 施洋十五元
王道[illegible] 施洋十五元

侯祥[illegible] 施洋十五元
鄧[illegible]堂 施洋十五元
王道富 施洋十元
鄧[illegible]傑 施洋十元
鄧守吉 施洋十元
鄧鎮呂 施洋十元
鄧守仁 施洋十元
鄧[illegible]卿 施洋十元
鄧培田 施洋十元
王宗江 施洋八元
鄧守十 施洋五元
鄧守學 施洋五元
鄧守和 施洋五元
王志之 施洋五元
王樂吉 施洋五元
鄧咁田 施洋五元
王先振 施洋五元
鄧煥堂 施洋五元
王常清 施洋五元
王[illegible]山 施洋五元
王道[illegible] 施洋五元

南山村
王道明 施洋五元
王之垣 施洋五元
王[illegible]卯 施洋五元
王[illegible]富 施洋五元
王榮武 施洋五元
石[illegible]振 施洋五元
[illegible]運[illegible] 施洋五元
[illegible] 施洋五元
石龍吉 施洋五元
趙士珍 施洋五元
申先茂 施洋五元
申全成 施洋五元
郭仁傑 施洋五元
郭法儀 施洋五元
李法增 施洋五元
張[illegible]化 施洋五元

[illegible]木[illegible]石匠 申天成 郭祖良 郝錦嵩 郭啟[illegible]

通共花洋陸百貳拾[illegible]元

中華民國叁拾壹年歲次壬午冬下浣穀[illegible]立

699. 重修三大士殿碑記

立石年代：民國三十一年（1942年）
原石尺寸：高80厘米，寬47厘米
石存地點：安陽市林州市桂林鎮南山村吉珍莊

盖聞有其舉之，莫可廢也。此事之所以有重修補修者也。吉珍庄舊有三大士殿一所，沿世遠年湮，風雨漂摇，瓦殖□根□，聖像已多凋慘也。經民國二十六年六月二十五日黎明地球大震，翌日暴雨翻盆，七日不絶淋雨。八月初三日□□黴菌，墻倒屋塌，到處皆然。緣此庙宇神像，大受影響。本村人等不忍惨視，慨然均起重修之志。無奈中日戰起，屢年具荒饑饉，有願未遂。迨至民國三十年春，本村社首糾合大衆，同声相應，開始獨力重修，不数日功成告竣，更見庙宇輝煌，聖像燦爛，四方無不來觀。本村按地捐資，勒諸貞珉，原其巔末而爲之序。

師範畢業鄧漢卿撰文，小學肄業鄧守和書丹。

社首：鄧秋堂捐洋二十四元八角。副首：王樂銀捐洋四元四角，鄧焕堂捐洋八元八角，王先振捐洋八元八角，鄧子榮捐洋十七元七角，王樂吉捐洋十四元三角，鄧守仁捐洋十三元八角，王之俊捐洋廿元零九角，王□富捐洋六元七角，鄧守儒捐洋廿元零九角。鄧漢卿捐洋十三元八角，鄧守□捐洋二十元零九角，鄧培田捐洋十三元八角，王崇江捐洋三元九角，郭守庫捐洋一元六角，王崇清捐銀三元三角，郭守士捐洋一元一角，郭守邦捐洋二元二角，王崇義捐洋八元八角。王崇山捐洋九元九角，王志文捐洋九元四角，王□全捐洋十六元五角，郭法儀捐洋二元八角，鄧佛堂捐洋十四元一角，王文白□洋五元四角，王文秀捐洋五元四角，鄧守才捐洋九元四角，趙法吉捐洋五元五角，王道禎捐洋三元六角，王道福捐洋四元七角，鄧宝堂捐洋三元三角，侯禄祥捐洋四元四角，侯禎祥捐洋三元，侯見祥捐洋四元六角，萬啟雲捐洋二元二角，鄧守賢施洋二十元，鄧秋堂施洋十五元，鄧守儒施洋十五元，王運□施洋十五元。侯禄祚施洋十五元，鄧□堂施洋十五元，王道富施洋十元，鄧守傑施洋十元，鄧守吉施洋十元，鄧鉉昌施洋十元，鄧守仁施洋十元，鄧漢卿施洋十元，鄧培田施洋十元，王崇江施洋八元，鄧守才施洋五元，鄧守學施洋五元，鄧守和施洋五元，王志文施洋五元，王樂吉施洋五元，鄧耕田施洋五元，王先振施洋五元，鄧宝堂施洋五元，王崇清施洋五元，王崇山施洋五元，王道禎施洋五元。南山村：王道明施洋五元，王之垣施洋五元，王樂舜施洋五元，王樂富施洋五元，王樂武施洋五元，石□振施洋五元，石運財施洋五元，石□章施洋五元，石龍吉施洋五元，趙士珍施洋五元，申先成施洋五元，申全成施洋五元，郭仁傑施洋五元，郭法儀施洋五元，李法增施洋五元，張化施洋五元。通共花洋陸百貳拾元。

瓦匠申天成，木匠郭祖良，画匠郝錦奇，石匠郭啟華。

中華民國叁拾壹年歲次壬午仲冬下浣穀旦竪。

五老人洛陽高福唐書
沃壤阡陌縱橫實利灌溉第
每屆夏秋霪雨山洪暴發挾沙
[illegible]曰之良田銳減河道彌寬春
大脩治之計應於上游沿岸
淤田築堤束水藉以刷沙使
而利興矣三十一年春省政
鎮渡曲河出東高屯之東抵
公興監紀實也行見綠埜[illegible]
其善護而利用之
蕩平羅震王幼僑
祕書長馬國琳撰
[illegible]穀旦

700. 創修堤壩碑記

立石年代：民國三十一年（1942 年）
原石尺寸：高 68 厘米，寬 62 厘米
石存地點：洛陽市伊濱區李村鎮陳家村

……沃壤，阡陌縱横，實利灌溉，第……屆夏秋霪雨，山洪暴發，挾沙……因之良田鋭減，河道彌寬。春……大修治之計，應於上游沿岸……淤田，築堤束水，藉以刷沙，使……而利興矣。三十一年春，省政……鎮渡曲河，出東高屯之東，抵……公興。蓋紀實也。行見緑野平……其善護而利用之。

……五老人洛陽高福唐書。

……蕩平羅震王幼僑……秘書長馬國琳撰。

……補刻穀旦。

禹貢名山

701. 禹貢名山碑

立石年代：民國三十二年（1943 年）
原石尺寸：高 180 厘米，寬 200 厘米
石存地點：鶴壁市浚縣大伾山觀音岩南側崖壁

禹貢名山。
癸未八月既望王實坪題。

縣長王公兩次祈雨靈驗記

聞之山不在高，有仙則名；水不在深，有龍則靈。其伭山龍泉[illegible]之謂乎？詩曰：豈弟君子，民之父母。褱樂與共，好惡必同，其王公實坪之謂乎？天生名山靈水，所以養斯民也；生斯人君子，所以宥斯民也。而宇宙造物之苦心，寄有意於其間，而適逢結緣，非偶然也。如我縣長王公，自癸未三月履任斯土以來，迄今半載，幾無寧日。去歲今春，連遭荒歉，適縣隣境饑饉厲疾，軍警擾閭，與寧可如何之歎。閭閻百姓，起日不聊生之嘆。三春無雨，麥苗將枯，秋禾未種，災鴻過野，餓殍載道，政令無從措手，秩序安望保全。我縣長不遑眠食，百為籌畫，前借富戶餘糧，給養警士，以保治安，而治其標；總又遠方購糧，配給公務人員，以維持秩序，而治其本。揭湯止沸之策既施，抽薪息火之計旋生。差幸闔邑紳閭前領及地方士紳、縣署職員暨商民衆，往伭山龍[illegible]洞祈雨，經至誠感神，甘霖遂降，麥苗收穫有望，秋禾亦可種。植民心為之稍慰。詎意國曆六七月間，雨量又感缺乏之間，又旱魃為虐，如焚如燬，赫赫炎炎，云我無所逃。至國曆八月初間，而遍野秋苗奄奄待槁。我縣長惻然心憂，念全縣生民之命懸在此千鈞一髮之危際，若不急為圖謀，恐三十餘萬衆民，飢大命近止，而靡瞻靡顧矣。於是心衷至誠，致桑林之祈禱，率同人跣足徒步，負罪引慝，修省自責，不避捐暮，不憚炎暑，親詣龍洞拜禱，取水祈降甘霖，代表全縣人民求活生命。並告同人曰：此次祈雨，非等尋常，堅心苦求，非達目的不為功。赤日炎天，跪拜神位前，虔誦金剛及諸品[illegible]雨經，歷數點[illegible]之久而始起，[illegible]八月五號乙未日也。孰意名山主人祀名山之神，為之主祭，而百神享有，感斯應。是夜沛然滂沱，僅及半[illegible]，民以為未足。次日甫[illegible]大雨，三日乃止。益以霈霖優渥，霑足而百穀生矣。官吏相與慶於堂[illegible]，歌於市，農夫相與忭於野，憂者以喜，為者以愈。今天不遺斯民，始旱而賜之以雨，使吾儕得相與優游而享安[illegible]之幸福於斯土者，皆我縣長有致誠之德，以感名山之神所賜也，其又可忘耶？閭邑民衆感以神目王公，並賀於余。余曰：此致誠之所致也。書不云乎：惟天下至誠，為能盡性及人物之性，而可贊化育，參天地。又曰：至誠如神。又曰：至誠而不動者，未之有也。此皆精誠團結，自能與天地通矣。闔縣民衆感戴莫鳴，為余為文以記兩次祈雨[illegible]靈驗。余固拙於文，而亦不善為者也，謹將事實巔末畧述概敘，溯諸瑣碎，冀與名山靈水並垂不朽云。

邑人　金安[illegible]獻　撰文

邑人　耿會文　書丹

闔邑民衆　敬立

石工　張[illegible]

中華民國叁拾貳年歲次癸未桂月上澣　穀旦

702. 縣長王公兩次祈雨靈驗記

立石年代：民國三十二年（1943 年）
原石尺寸：高 114 厘米，寬 76 厘米
石存地點：鹤壁市浚縣大伾山龍洞

聞之："山不在高，有仙則名；水不在深，有龍則靈。"其伾山龍泉（龍洞下有井泉故簡稱曰龍泉）之謂乎？《詩》曰："豈弟君子，民之父母，憂樂與共，好惡必同"。其王公實坪之謂乎？天生名山靈水所以養斯民也，生淑人君子所以育斯民也，而宇宙造物之苦心，實有意於其間，而遭逢結緣非偶然也。如我縣長王公自癸未三月履任斯土以來，迄今半載，幾無寧日。去歲今春，連遭荒歉，逼縣隣境，饑饉薦臻。軍警機關，興無可如何之歌；閭閻百姓，起日不聊生之嘆。三春無雨，麥苗將枯，秋禾未種，灾鴻遍野，餓殍載道。政令無從措手，秩序安望保全。我縣長不遑暇食，百端籌畫，首借富户餘糧給養警士，以保治安而治其標。繼又遠方購糧配給公務人員，以維持秩序而治其本。揚湯止沸之策既施，抽薪息火之計旋生。爰率闔邑機關首領及地方士紳、縣署職員、商賈民衆登伾山龍洞祈雨。然至誠感神，甘霖遂降，麥苗收穫有望，秋禾亦可種播，民心爲之稍慰。距意國曆六七月間，雨量又感缺乏，嗣又旱魃爲虐，如惔如焚，赫赫炎炎，云我無所。延至國曆八月初間，而遍野秋苗奄奄待槁。我縣長惻然，心憂念全縣生民之命脉，在此千鈞一髮之危際，若不急爲圖謀，恐三十餘萬之民衆大命近止而靡瞻靡顧矣。於是心秉至誠，效桑林之祈禱，率同前人，跣足徒步，負罪引慝，修省自責，不避荆蓁，不憚炎暑，親謁龍洞，拜禱取水，祈降甘霖，代表全縣人民求活生命。并告同人曰："此次祈雨，非等尋常，堅心苦求，非達目的不爲功。"赤日炎天，跪拜神位前，虔誦《金剛》及諸品祈雨，經歷數点鐘之久而始起。此八月五號乙未日也。孰意名山主人祀名山之神，爲之主祭，而百神享有感斯應。是夜沛然滂沱，僅及半，黎民以爲未足。次日丙申，大雨三日乃止，益以霡霂優渥沾足而百穀生矣。官吏相與慶於堂（適有道公署李武二君來浚視察，八月□日在辦公廳歡迎晏會，久旱逢甘雨，故有相慶之樂），商賈相與歌於市，農夫相與忭於野。憂者以喜，病者以愈。今天不遺斯民，始旱而賜之以雨，使吾儕得相與優游而享安樂之幸福於斯土者，皆我縣長有至誠之德，以感名山之神所賜也，其又可忘耶？閤邑民衆咸以神目王公并質於余。余曰："此致誠之所致也。《書》不云乎：'惟天下至誠，爲能盡性及人物之性，而可贊化育，參天地。'又曰：'至誠如神。'又曰：'至誠而不動者未之有也。'此皆精誠團結，自能與天地通矣。"闔縣民衆感戴莫鳴，囑余爲文以記兩次祈雨之靈驗。余固拙於文而亦不善鳴者也，謹將事實巔末略述概叙，泐諸貞珉，冀與名山靈水并垂不朽云。

邑人安廷献撰文。

邑人耿會文書丹。

闔邑民衆敬立。石工張琮。

中華民國叁拾貳年歲次癸未桂月上浣穀旦。

慈心善路

重修龍興寺正殿碑記

甲申春執教鞭於岩麓，暇日遠足，率生徒數十步山椒而登焉。佇立遙矚，西露實東九峯北錦屏首
七峯特鍾此山，於當心四山相朝，勢若星共，真四方之保障。山頂平坦，石寨週圍，中有寶殿三楹。入而觀
瞻，有銅鑄佛像三，拜畢出，視碑記，顧文字剝殘過半，難稽顛末。特詢土人，咸言山名思遠，寺曰龍興，未
審創建何代，歷傳佛祖聖神靈應不爽，如逢旱魃為虐，四方叩禱，禱雨者遂有甘霖之降；盜賊猖獗，附
近逃亂避難者，即顯默佑之兆。因而每年四月八日有古剎香火大會，第年久而正殿、山門暨兩廊圮毀
不堪。幸有柴君虎山等提倡重修，遂落成於民國十六年。殊未幾，萑苻風熾，匪踞此為出沒之所，迨
大軍開來，竟遭兵燹，而佛像遂為暴露者久矣。越年廿餘，有耆紳首事宋靄閣、萬從法、韓鳳林、楊等諸
君觸目寒心，更兼善男信女努力募捐，更為重修，不數月而厥工告竣云云。嗚乎，同校韓君友昆、趙君
國棟倩記於余，迴憶士人之言，握管錄述，勒諸貞珉，以示不沒人善爾。

嚴麓居士月如甫王有歲盥薰撰記

道遙散人錦文氏宗標薰沐書丹

發起人

宋首三　柴虎山　韓友昆　趙國林　秦光昇
萬雲閣　朱南星　裴春山　郭慎德　吕保平
韓從法　朱松筠　裴世奇　韓從文　朱世義
韓從良　朱震漢　王太平　韓從周　朱敬則　陸來發
趙猷章　朱松英　狄青山　魏從良　李錦芳
楊鳳林　朱耀禮　陳永祿　王鳳池　朱炳欽　喬泰山
高感發　仝玉亭　王敬政　常逢吉　朱書賢
朱新泰　喬清源　陳建王　殷中堂　朱炳觀

中華民國三十三年季春月上弦谷旦

703-1. 重修龍興寺正殿碑記（碑陽）

立石年代：民國三十三年（1944 年）
原石尺寸：高 161 厘米，寬 64 厘米
石存地點：洛陽市嵩縣閻莊鎮楊大莊村龍興寺

〔碑額〕：慈心雲蔭

重修龍興寺正殿碑記

甲申春，執教鞭於岩麓筱校，曜日遠足，率生徒數十，步山椒而登焉。佇立遥矚，西露寶，東九皋，北錦屏，南七峰，特鐘此山於當心。四山相朝，勢若星共，真四方之保障。山頂平坦，石寨周圍，中有寶殿三楹，入而觀瞻，有銅鑄佛像，三拜畢，出視碑記，顧文字剥殘過半，難稽顛末。特詢土人，渠言山名思遠，寺曰龍興，未審創建何代。歷傳佛祖聖神，靈應不爽，如逢旱魃爲虐，四方叩鐘禱雨者，遂有甘霖之降。盜賊猖獗，附近逃亂避難者，即顯默佑之兆。因而每年四月八日，有古刹香火大會。第年久，而正殿、山門暨兩廊圮毁不堪。幸有柴君虎山等提倡重修，遂落成於民國十六年秋。未幾，萑苻風熾，巨匪踞此爲出没之所，可憐大軍開來，竟遭兵燹，而佛像遂爲暴露者久矣。越年十餘，有耆紳首三宋、雲閣萬、從法韓、鳳林楊等諸君，觸目寒心，更兼善男信女努力募捐，更爲重修。不數月，而厥工告竣云云。晌午回校，適韓君友昆、趙君國林倩記於余。回憶土人之言，握管録述，泐諸貞珉，以示不没人善爾。

岩麓居士月如甫王省歲盥薔撰記，逍遥散人錦文氏柴標薰沐書丹。

發起人：師長宋首三捐法幣五百元。萬雲閣四百元。韓從法五百元。韓從良二二五元。趙獻章一百六十元。楊鳳林五百元。高咸□四百元。朱新泰八五元。監工柴虎山五十元。朱南星八五元。朱松筠、朱震漢、朱松英、朱耀禮、仝玉亭、喬清濂，各八三元。

首事人：韓友昆六六元。裴泰山、裴世奇九十二元。王天平八十元。狄青山五十元。陳永禄五三元。王敏政、張連三五十元。趙國林一百卅元。郭慎德三十元。韓從文、韓從周十六元。魏從良一百元。王鳳池五七元。常逢吉五十元。殷中堂五十元。秦光昇。吕保平三六元。朱世義、朱夢花、朱敬則、朱炳欽、朱書賢、朱炳觀，各八三元。

鐵筆：陸來發、李錦芳、喬泰山。

同監立。

中華民國三三年季春月上弦谷旦。

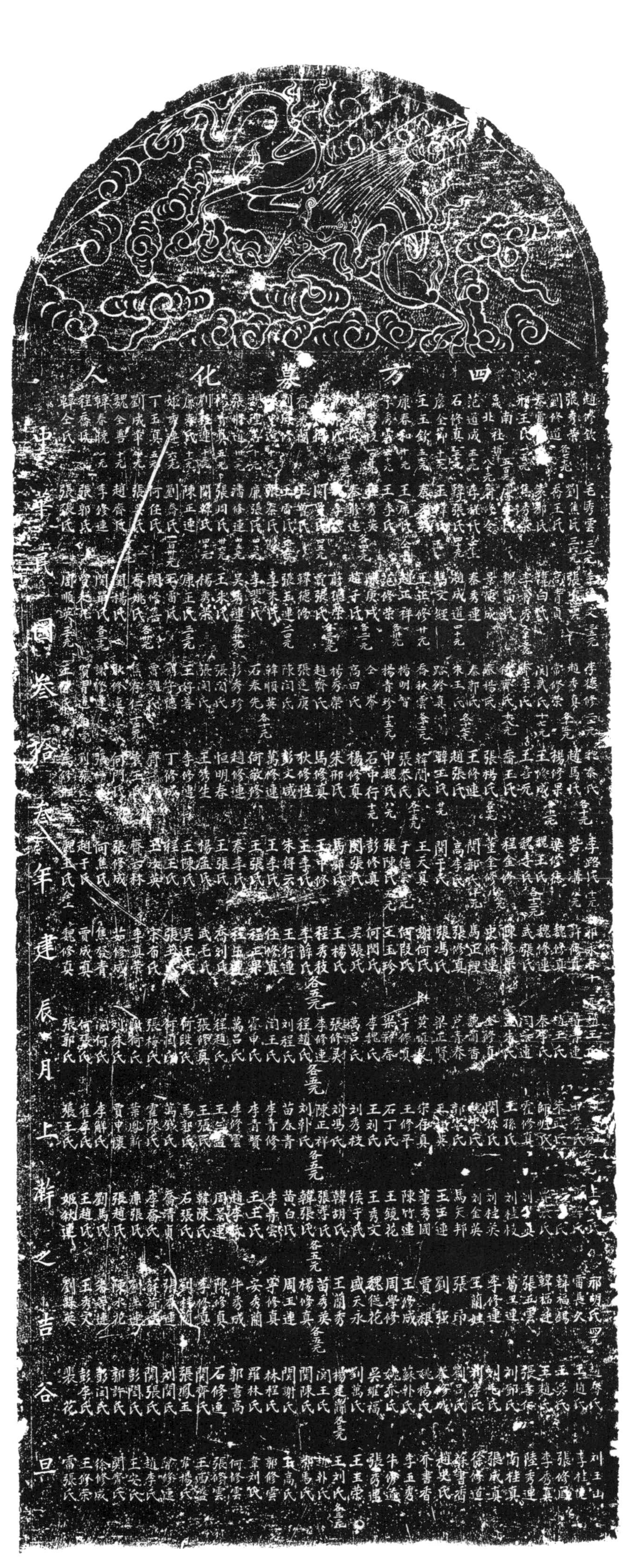
四方募化人

703-2. 重修龍興寺正殿碑記（碑陰）

立石年代：民國三十三年（1944 年）
原石尺寸：高 161 厘米，寬 64 厘米
石存地點：洛陽市嵩縣閻莊鎮楊大莊村龍興寺

四方募化人：趙修欽、張秀荣、劉修道、秦雷氏，各七十元。邢王氏一百元。古城南社捐洋五百元。古城北社捐洋八十元。范道成五十元。石修真一百五十元。詹全節十一元。王玉欽五七元。康春和十元。李秀雲六十元。常秀枝一百廿元。魏賀氏、□張氏、韓□德、喬秀蘭、劉鳳修，共一百四七元。陳中道□百十元。魏理善十元。張修道卅二元。楊青真五元。劉柱連十三元。廉秦氏十一元。姬秀連六十元。丁玉真五元。劉成章十元。魏全善十元。韓春曉一元。程喬氏、韓仝氏、毛秀雲三八元。劉焦氏三六元。喬王氏、袁都氏、焦秀荣、廉李氏、齊修令、李程氏，同上。韓張氏四十元。王韓氏、秦秀英、王席氏，同上。王李氏、程秀英、秦修連、魏李氏，各四十元。關賈氏四五元。王曾氏、王雷氏、張秦氏，各五十元。廉張氏四六元。潘修連四五元。張周氏卅六元。關韓氏四十元。陳正連、劉喬氏一百卅元。何任氏、張吴氏、趙齊氏、李修連、張郭氏、張張氏，各五十元。李修文三五元。張秀雲、高青貞、韓白氏、李青秀、魏高氏、景德成、秦秀連，各十五元。趙成道四十元。馬文經、王正修廿元。趙正祥、范修荣，各卅元。陳庚戌、趙于氏，各二一元。蔚德荣、賈張氏，各三五元。韓德修、張玉連二四元。李朱氏、李裴氏、吴秀連、王朱氏、楊秀荣，各廿元。康王氏三三元。王雷氏、關修喜、喬姚氏，各卅元。關楊氏、關單氏、賈超凡，各二十元。周順英三十元。李德修二一元。趙秀真、常修荣，各十五元。關武氏十七元。齊李氏、任齊氏十八元。秦楊氏、秦郭氏、朱王氏，各十七元。路修真、喬秋雲、楊明智，各十二元。楊青珍十五元。仝岺、高田氏、楊秀荣、趙齊氏、張逢庚、陳闫氏、韓順英、石奉先、彭秀珍、張關氏、張關氏、王好善、劉守德、賈魏氏，各十元。焦存仁十二元。耿修連、謝修道、賀青道、王陳氏，各十五元。魏秦氏、趙馬氏，各十元。楊修果、王修成，各十一元。王喜元、喬王氏、張楊氏、王修連、趙張氏，各十元。韓王氏廿元。韓關氏、張秦氏，各十五元。申魏氏八元。石中行十元。楊修真、朱邢氏、馬修真、狄修性、彭文咸、萬修連、何敬修、趙修連、恒明春、王秀生、李修連、丁修成、齊氏、袁王氏、何門氏、張修□、劉張氏、馬修旺，同上。李路氏十元。砦溝八元。梁修德、魏王氏、魏李氏，各十二元。程金修、董金修，各八元。關郝氏十元。高李氏。關于氏。王天真。于德荣十元。張陳氏五元。彭修真、關張氏、馬郭氏、王中修、王李氏、朱得云、王李氏、王張氏、秦李氏、王張氏、楊孟氏、王陳氏、程王氏、王汝英、齊六林、張修成、何焦氏、趙于氏、魏王氏，同上。郭永春十元。許修真、魏修真、魏修連、武張氏、陳修果、史修連、馬正理、張修真、張馮氏、謝何氏、何段氏、王玉珍、何閆氏、吴張氏、王楊氏、程秀枝、李薛氏、王行連、任修真、程正果、程玉連、喬刘氏、武毛氏、吴王氏、張王氏、宋布氏、李真荣、茹修成、焦發青、賈成真、魏修真，各五元。趙王氏、趙青連、趙王氏、秦李氏、闫景連、孟朱氏、仝修真、魏蘭香、芦青春、梁正賢、黄慎炅、于修真、梁新春、李魏氏、萬吕氏、張修灵、李修連、程趙氏、刘程氏、闫王氏、霍申氏、萬吕氏、程趙氏、張修真、何段氏、何闫氏、張梅氏、謝何氏、刘朱氏、關何氏、何張氏、張郭氏，各五元。祖母社、田李氏，各六元。朱武氏、師張氏、霍修真、王孫氏、關孫氏、魏李氏、郭寧氏、王桂英、宋存真、王修平、石丁氏、王刘氏、刘秀枝、刘馮氏、陳正祥、刘韓氏、

苗春青、李青修、李青賢、李修雲、王三盤、王張氏、馬郭氏、萬錢氏、霍陳氏、葉鳳新、賈申懷、李解氏、崔李氏、張王氏，各五元。王刘氏、高韓氏、楊□氏、賈張氏、刘夢英、刘桂枝、刘金英、馬天邦、王玉連、董秀國、陳竹連、王鏡花、王秀文、侯于氏、韓胡氏、張李氏、韓張氏、黄白氏、李青雲、王王氏、趙李氏、周景連、韓陳氏、石張氏、喬清貞、李喬氏、廉張氏、張趙氏、刘馬氏、王趙氏、姬秋連，各五元。邢胡氏四元。雷長久、韓福錫、韓福廷、張五雲、葛玉連、李修連、王蘭娃、張印、刘强、賈根、王修成、周學修、魏從花、盛天永、王蘭秀、苗秀英、楊修真、周玉連、寧修真、安秀蘭、牛秀成、陳修真、李修真、刘桂蘭、張香連、蘇荷連、刘玉連、陳水花、朱等連、王秀文、刘槑英，各五元。趙乔氏、王趙氏、王吴氏、王趙氏、張喜仁、刘鄧氏、刘毛氏、刘李氏、刘吕氏、秦修成、姚楊氏、蘇韓氏、姚喬氏、吴維福、刘萬氏、楊建爵、關王氏、關陳氏、關謝氏、林程氏、羅林氏、郭書高、石修連、關齊氏、張鳳玉、刘關氏、關張氏、彭閆氏、郭許氏、彭闫氏、彭李氏、裴花，各三元。刘玉山、李桂連、張修鳳、李秀真、陸秀連、南桂真、張成真、徐修道、蘇書香、趙史氏、乔書香、李玉秀、牛修道、張秀連、王玉荣、王刘氏、趙韓氏、蔡馬氏、王高氏、郭修雲、韋刘氏、何修雲、張修雲、王西盤、韋楊氏、曾修連、趙李氏、王安氏、關齊氏、徐修成、王修荣、雷張氏，各三元。

中華民國叁拾叁年建辰月上澣之吉谷旦。

《重修龍興寺正殿碑記（碑陰）》拓片局部

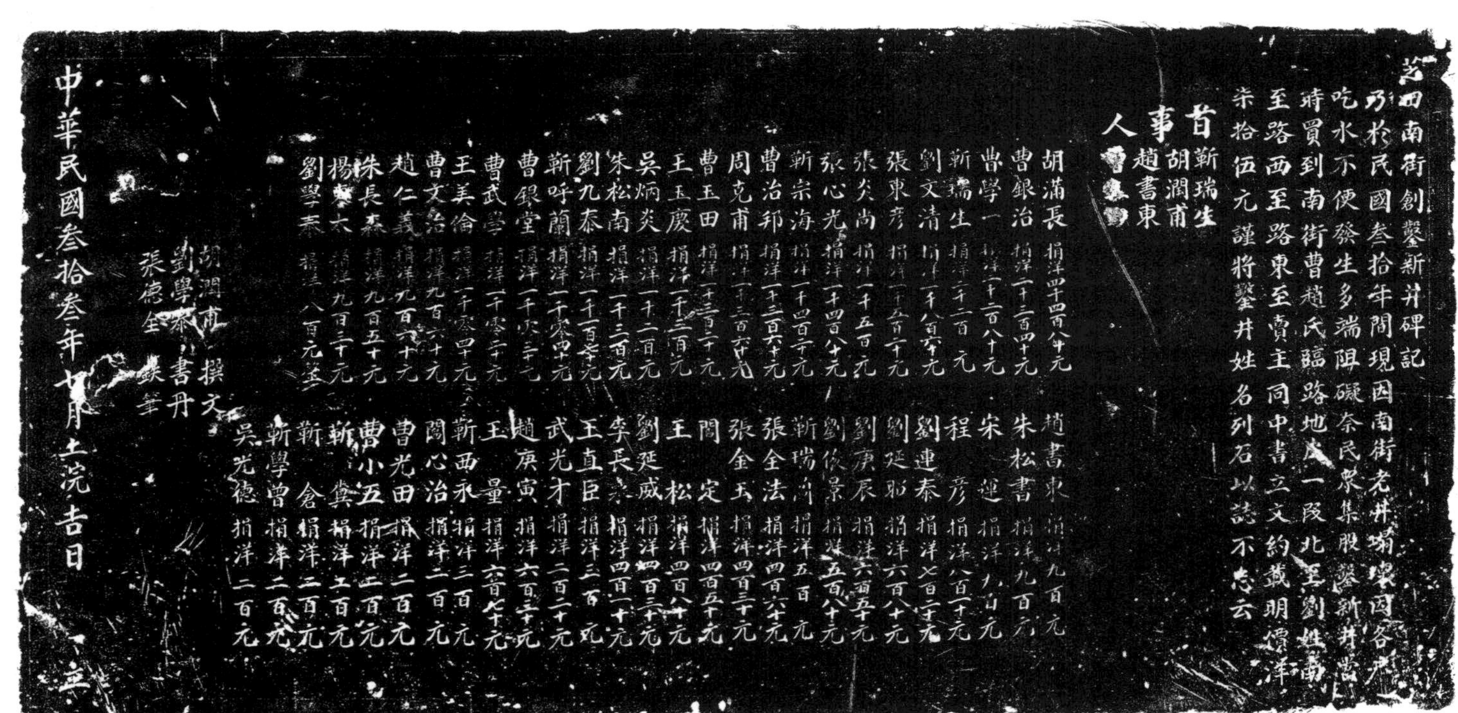

茨田南街創鑿新井碑記

乃於民國叁拾年間，現因南街老井塌壞，因各户吃水不便，發生多端阻礙，奈民衆集股鑿新井。當時買到南街曹趙氏臨路地[illegible]一段，北至劉姓，南至路，西至路，東至賣主，同中書立文約，載明價洋柒拾伍元。謹將鑿井姓名列石以誌不忘云。

首事人 靳瑞生 胡潤甫 趙書東 [illegible]

胡滿長 捐洋四千四百八十元
曹銀治 捐洋二千三百四十元
曹學一 捐洋二千二百八十元
靳瑞生 捐洋二千二百元
劉文清 捐洋一千八百六十元
張東彦 捐洋一千五百二十元
張炎尚 捐洋一千五百元
張心光 捐洋一千四百八十元
靳宗海 捐洋一千四百二十元
曹治邦 捐洋一千三百六十元
周克甫 捐洋一千三百六十元
曹玉田 捐洋一千三百二十元
王玉慶 捐洋一千三百元
吳炳炎 捐洋一千二百元
朱松南 捐洋一千三百元
劉九泰 捐洋一千一百八十元
靳呼蘭 捐洋一千零四十元
曹銀堂 捐洋一千零三十元
曹武學 捐洋一千零二十元
王美倫 捐洋一千零四十元
曹文治 捐洋九百六十元
趙仁義 捐洋九百六十元
朱長森 捐洋九百五十元
楊[illegible]太 捐洋九百三十元
劉學泰 捐洋八百元

趙書東 捐洋九百元
朱松書 捐洋九百元
宋延 捐洋八百元
程彦 捐洋八百一十元
劉連泰 捐洋七百二十元
劉延邦 捐洋六百八十元
劉庚辰 捐洋六百五十元
劉依景 捐洋五百八十元
靳瑞[illegible] 捐洋五百元
張全法 捐洋四百六十元
張金玉 捐洋四百三十元
閆定 捐洋四百五十元
王松 捐洋四百八十元
劉延威 捐洋四百三十元
李長[illegible] 捐洋四百一十元
王直臣 捐洋三百元
武光才 捐洋二百二十元
趙庚寅 捐洋六百三十元
王量 捐洋六百七十元
靳西永 捐洋三百元
閆心治 捐洋二百元
曹光田 捐洋二百元
曹小五 捐洋二百元
靳龔 捐洋二百元
靳倉 捐洋二百元
靳學曾 捐洋二百元
吳光德 捐洋二百元

胡潤甫 撰文
劉學泰 書丹
張德全 鐵筆

中華民國叁拾叁年七月上浣吉日 立

704. 芝田南街創鑿新井碑記

立石年代：民國三十三年（1944 年）
原石尺寸：高 48 厘米，寬 97 厘米
石存地點：洛陽市偃師區岳灘鎮岳灘村

芝田南街創鑿新井碑記

乃於民國叁拾年間，現因南街老井塌壞，因各户吃水不便，發生多端阻礙，奈民衆集股鑿新井。當時買到南街曹趙氏臨路地皮一段，北至劉姓，南至路，西至路，東至賣主。同中書立文約載明，價洋柒拾伍元。僅將鑿井姓名列石，以誌不忘云。

首事人：靳瑞生、胡潤甫、趙書東、曹玉田。

胡滿長捐洋四千四百八十元，曹銀治捐洋二千三百四十元，曹學一捐洋二千二百八十元，靳瑞生捐洋二千二百元，劉文清捐洋一千八百六十元，張東彦捐洋一千五百二十元，張炎尚捐洋一千五百元，張心光捐洋一千四百八十元，靳宗海捐洋一千四百二十元，曹治邦捐洋一千三百六十元，周克甫捐洋一千三百六十元，曹玉田捐洋一千三百二十元，王玉慶捐洋一千三百元，吴炳炎捐洋一千二百元，朱松南捐洋一千三百元，劉九泰捐洋一千一百七十元，靳呼蘭捐洋一千零四十元，曹銀堂捐洋一千零三十元，曹武學捐洋一千零二十元，王美倫捐洋一千零四十元，曹文治捐洋九百六十元，趙仁義捐洋九百六十元，朱長森捐洋九百五十元，楊東太捐洋九百三十元，劉學泰捐洋八百元整，趙書東捐洋九百元，朱松書捐洋九百元，宋運捐洋九百元，程彦捐洋八百一十元，劉連泰捐洋七百二十元，劉延昭捐洋六百八十元，劉庚辰捐洋六百五十元，劉俊景捐洋五百八十元，靳瑞蘭捐洋五百元，張全法捐洋四百六十元，張金玉捐洋四百三十元，閻定捐洋四百五十元，王松捐洋四百八十元，劉延威捐洋四百三十元，李長泉捐洋四百一十元，王直臣捐洋三百元，武光才捐洋二百六十元，趙庚寅捐洋六百三十元，王量捐洋六百七十元，靳西永捐洋三百元，閻心治捐洋二百元，曹光田捐洋二百元，曹小五捐洋二百元，靳冀捐洋二百元，靳倉捐洋二百元，靳學曾捐洋二百元，吴光德捐洋二百元。

胡瑞甫撰文，劉學泰書丹，張德全鐵筆。

中華民國叁拾叁年七月上浣吉日立。

創建黃爺行宮記

黃爺者即明季清初天下所稱謂活河神是也其先出自顓頊伯益之後封於黃遂氏焉其後迭遷河南偃師王家莊越數世至明萬歷三十一年十二月十四日而黃爺生焉幼失怙恃依母舅劉氏攻儒書稍長訪求程子遺跡三復禹貢治水之略尤潛心太極圖說四箴西銘朱子全書皇極經世等書各有心得其生前標炳可指者如活糧船於虞邑指甘泉於天臺極潞王之急流退[illegible]洛之溺水以及散財救荒插柳蔽人道崇禎十七年正月皇帝下詔舉逸而黃爺恭辭不受曰不願為官惟願以仁義二字自持後世因有仁義社之名所有經　黃爺退水患之處建立生祠幾遍天下矣不但已也　黃爺升遐後有祈禱而咸應者不可枚舉迨清朝順康之世屢屢勅誥建修祠堂至乾隆二年三月總河道白公鍾山移查到偃縣令郎公文卓出具　黃爺生前沒後實錄印結同奏請封號此顯惠靈佑襄濟　黃大王之神號配享謝大王而不朽也然由　黃爺之生迄今三百餘歲矣不惟奉　旨建修祠堂即仁義社中專主崇祀者亦不一而足一崇祀於山西平陸縣處女李氏二崇祀於河南鞏縣羅莊村張門孫氏三崇祀於偃邑甯家莊王門趙氏四崇祀於洛邑槐樹灣村牛門鄭氏五崇祀於洛邑大屯鎮張門李氏及我父國華崇祀　黃爺更加誠敬因倡率仁義社衆於光緒三十一年相度地址就本村經營創建　黃爺行宮大殿三間捲棚三間雖廟貌巍峩王題照耀神像赫濯金光爛灼而大勳尚未集也肆予小子天倫仰承父之志事竭力繼述於民國元年仍率仁義社人等築廂房山門與關帝小閣塑金神十二陪座白衣母可以壯觀瞻妥神靈上報　黃爺之功德下接五氏之虔誠即以綿我父創造之功於勿替也夫

仁義社後總領陶天倫　弟子士俊　暨衆信士仝立

中華民國三十五年　農曆　十　月　穀　旦

705. 創建黄爺行宫記

立石年代：民國三十五年（1946 年）
原石尺寸：高 193 厘米，寬 72 厘米
石存地點：洛陽市偃師區岳灘鎮王莊村

創建黄爺行宫記

黄爺者，即明季清初天下所稱活河神是也。其先出自顓頊，佰益之後封於黄，遂氏焉。其後迭遷河南偃師王家莊。越數世，至明萬曆三十一年十二月十四日，而黄爺生焉。幼失怙恃，依母舅劉氏攻儒書。稍長，訪求程子遺迹，三復禹貢治水之略，尤潜心《太極圖説》《四箴》《西銘》《朱子全書》《皇極經世》等書，各有心得。其生前標炳可指者，如活糧船於虞邑，指甘泉於天臺，拯潞王之急流，遏穀洛之漲水，以及散財救荒、插柳渡人。迨崇禎十七年正月，皇帝下詔舉逸，而黄爺恭辭不受，曰："不願爲官，惟願以'仁義'二字自持。"後世因有"仁義社"之名。所有經黄爺遏水患之處，建立生祀，幾遍天下矣。不但已也，黄爺升遐後，有祈禱而咸應者不可枚舉。迨清朝順康之世，屢屢敕詔建修祀堂。至乾隆二年三月，總河道白公鐘山移查到偃縣，令郎公文卓出具黄爺生前没後實録印結，同奏請封號，此"顯惠靈佑襄濟黄大王"之神號，配享謝大王而不朽也。然由黄爺之生，迄今三百餘歲矣，不惟奉旨建修祀堂，即仁義社中專主崇祀者，亦不一而足：一崇祀於山西平陸縣罷古村處女李氏，二崇祀於河南鞏縣羅莊村張門孫氏，三崇祀於偃邑寧家莊王門趙氏，四崇祀於洛邑槐樹灣村牛門鄭氏，五崇祀王姚氏，六崇祠於洛邑大屯鎮張門李氏。及我父國華，崇祀黄爺更加誠敬。因倡率仁義社衆，於光緒三十一年相度地址，就本村經營創建黄爺行宫大殿三間、捲棚三間。雖廟貌巍峨，玉題照耀，神像赫濯，金光烱灼，而大勛尚未集也。肆予小子天倫，仰承父之志事，竭力繼述，於民國元年，仍率仁義社人等，築厢房、山門與關帝小閣，塑金神十二陪座白衣母，可以壯觀瞻、妥神靈，上報黄爺之功德，下接五氏之虔誠，即以綿我父創造之功於勿替也夫。

仁義社後總領陶天倫率子士俊暨衆信士同立。

中華民國三十五年農曆十月穀旦。

〔注〕：碑文中"罷古村"及"五崇祀王姚氏"顯係刻碑後所加，同時將"五"改爲"六"。

楊維屏先生傳
君姓楊氏諱振邦字維屏別號經之澠池東洪陽村
人父靈科本生父端本君性至孝嘗以清同治中捻
匪橫擄掠殺戮恣所欲君聞耗先送大母匿澗中次
迎母中途賊至便道負母走山谷先是母已失明當
此幾靡措君附耳白俾勿驚得俱全蓋其天性然也
後十餘年而光緒丁丑旱刼至人相食君骨肉死亡
殆盡君以一身摒擋莫能拯乃一慟幾絕嗣念大事
未了若同歸于盡將來一門血續孰肩其任耶遂皆
權厝之而百計苟延殘喘以待刼後之各為掩葬并
推恩至旁支之死無後者悉立石誌之烏虖士窮乃
見節義世亂方識忠臣有時抗節而死以存天地之
正氣有時靦顏而生維持家國之命脉太史公稱死
有重於泰山有輕於鴻毛此其是歟彼松柏不遇歲
寒固與凡卉同耳惟深冬冰凝天地閉塞而特立獨
行之品方錚錚佼佼孤節高標不與流俗伍一似冥
冥中有心特為斯局以著其概者古今來大抵然也
如君者豈數覯哉況君于晚年時葺先祠繪宗圖督
修家乘勤樹植計戚黨所需不下數百緡汲汲義舉
美不勝收享壽八十有二子三溥潤孫九秀靊秀霨
秀霙秀霑秀雯秀霜秀霖秀儒秀霞曾孫十謹誌之
以俟异世之採風者

同邑王錫命譔文
姻再晚劉守先書丹
劉一德鐵筆

孔子生後二千四百九十八年丁亥孟秋月　穀旦

706. 楊維屏先生傳

立石年代：民國三十六年（1947 年）
原石尺寸：高 52 厘米，寬 73 厘米
石存地點：三門峽市澠池縣洪陽鎮東洪陽村

楊維屏先生傳

君姓楊氏，諱振邦，字維屏，別號經之，澠池東洪陽村人。父靈科，本生父端本。君性至孝，嘗以清同治中，捻匪横擄掠殺，戮恣所欲。君聞秏，先送大母匿洞中，次迎母，中途賊至，便道負母走山谷。先是母已失明，當此幾靡措，君附耳白俾勿驚，得俱全，蓋其天性然也。後十餘年，而光緒丁丑，旱劫至，人相食，君骨肉死亡殆盡，君以一身搿擋莫能拯，乃一慟幾絶。嗣念大事未了，若同歸于盡，將來一門血統，孰肩其任耶？遂皆權厝之，而百計苟延殘喘，以待劫後之各爲掩葬。并推恩至旁支之死無後者，悉立石誌之。烏虖！士窮乃見節義，世亂方識忠臣。有時抗節而死，以存天地之正氣；有時靦顔而生，維持家國之命脉。太史公稱死有重於泰山，有輕於鴻毛。此其是歟！彼松柏不遇歲寒，固與凡卉同耳。惟深冬冰凝、天地閉塞，而特立獨行之品，方錚錚佼佼，孤節高標，不與流俗伍，一似冥冥中有心，特爲斯局以著其概者，古今來大抵然也。如君者，豈數覯哉！况君于晚年時，葺先祠、繪宗圖、督修家乘，勤樹植計，戚黨所需，不下數百緡，汲汲義舉，美不勝收。享壽八十有二。子二：溥、潤。孫九：秀靈、秀霨、秀霙、秀霑、秀雯、秀霈、秀霃、秀儒、秀霞。曾孫十。謹誌之，以俟异世之采風者。

同邑王錫命撰文，姻再晚劉守先書丹，姻再晚劉一德鐵筆。

孔子生後二千四百九十八年丁亥孟秋月穀旦。

707. 創建凌雲樓記

立石年代：民國三十六年（1947 年）
原石尺寸：高 57 厘米，寬 116 厘米
石存地點：洛陽市偃師區岳灘鎮岳灘村

創建凌雲樓記

吾鄉爲黄大王故里，伊洛環抱，地靈□□，□化之盛。素聞偃洛自民國肇建河佰□□□亂頻，仍教育落後，識者痛焉。民十七□□□長，本縣教育始奉先君子芾村公□□□請地方耆紳秦雍西、仝幹臣、張警齋、劉□□等，創辦伊川高級小學於定覺寺。迨民□□年，伊洛漲，校舍毁，一遷再遷，於二十七□□遷於此，除舊有庙宇堪用者外，新建講□□楹，更名曰“黄大王庙小學校”。旋經周子□□斯校時，奉命改爲洛南中心一校。不幸□□三年，倭寇西犯，吾偃淪陷，校内器物悉被毁壞，吾人昔日艱難締造者，幾不绝□縷，良可慨矣。光復後，鑄九復膺地方之請、政府之命，重長斯校，鉴於教室之不敷應用，秉承先君子諄諄興學之遺命，復商諸地方人士，鳩工庀材，創修斯樓，以爲將來興辦中學之根基焉，因名之曰“凌雲樓”。後之人目睹斯文，當知本校創建之匪易，倍加愛護，即此而發揚光大之，是所望焉。

校長王鑄九謹序，劉愚若敬書。

監工：鄉長褚扶弱、張警齋、張寶田、任鴻鈞、仝幹臣、劉槐蔭、周子正、褚曉初、秦振黄、黄西白、王子幹、仝漢卿、張公臣、寇澤民、王敬所、任春茂、李景玉、劉紹先、司馬彪、楊涌泉、李俊卿、姜廷杰、文斌堂、張瀛濱、張得柱、王大黑、黄喜臨、姜文光、昝子和、郝西平、關文彬、王秉三，同創建。

中華民國三十六年十一月令辰。

永垂不朽

南留村永利渠成立碑記

本渠創始於民國三十二年時因天氣亢旱合村會商開鑿此渠功將垂成旋值地方不靖中輟本年春宜南縣政府暫設于本村縣長許公建業關心民瘼見於本村地狹人稠非開辦水利不足以全生計而謀贍養公餘即召集村中鄉耆村閭長等戡查上下游畢并飭督工開掘慘淡經營月餘竣事現本村已灌溉者共約一百四十餘畝將來約可增加三百畝有零適逢夏秋間雨暘不時凡得灌溉者秋禾蓬勃食用有者合村老幼不至凍餒者皆我 許縣長再造之賜也近經呈准設立本渠辦事處推選[illegible]為渠長閏延鎮閏[illegible]村閏[illegible]雲閏[illegible]書閏書聲等為渠員办理本渠一切事務其青口開于西北角衆村外之野狐予[illegible]有渠道經過地概係各處地主仗義樂捐任其開決高誼隆情合村人[illegible]深德感理應刊列項[illegible]以示久遠用將詳過緣起登明捐地人姓氏及本渠渠長渠員名銜籍以樹碑昭後河[illegible]并永云爾

捐助渠道地基人 某塢村

渠

民國三十七年八月上浣立

708. 南留村永利渠成立碑記

立石年代：民國三十七年（1948 年）
原石尺寸：高 157 厘米，寬 62 厘米
石存地點：洛陽市宜陽縣白楊鎮南留村

〔碑額〕：永垂不朽

南留村永利渠成立碑記

本渠創始於民國三十二年，時因天氣亢旱，合村會商，開辦此渠。功將垂成，旋值地方不靖中輟。本年春，宜南縣政府暫設於本村，縣長許公建業關心民瘼，見於本村地狹人繁，非開辦水利，不足以全生計而謀贍養。公餘即鳩集村中紳耆、村閭長等，勘查上下游畢，并飭督工開掘，慘淡經營。月餘蕆事，現本村已灌溉者共有一百四十餘畝，將來約可增加三百畝有零。適逢夏秋間，雨暘不時，凡得灌溉者，秋禾蓬勃，食用有著，合村老幼不至凍餒者，皆我許縣長再造之賜也。近經呈准，設立本渠辦事處，推選□□□爲渠長，閆廷鎮、閆□先、趙連科、閆水靈、閆尚書、閆書聲等爲渠員，辦理本渠一切事務。其青口開於西北魚泵村外之野狐子溝，所有渠道經過地，概系各處地主仗義樂捐，任其開決。高誼隆情，合村人等實深德感，理應刊列貞珉，以示久遠，用特詳述緣起，登明捐地人姓氏及本渠渠長、渠員名銜，藉以樹碣詔後河□并永云爾。

捐助渠道地基人：東場村郭双祥、郭流、郭益。

渠長：□□有。渠員：閆廷鎮、閆□先、趙連科、閆水靈、閆尚書、閆書聲。

民國三十七年八月上浣立。

創建大王廟碑記

嘗思神以佑人，而大王其尤靈者也。余村濱臨河，人稠地狹，歷年來河向南滚，出地甚夥。此雖河勢所致，而實默默中神之精靈所使。村衆感恩，盖廟以報。適有姬君天佑、丁君熙庭、保長丁偉岑、各甲長等竭力提倡，創建廟宇，並金裝神像。是役也，信女負軌，善男做工，遠近募化，皆出諸君之力。廟前有姬君天秋、克儉地一段，每年演戲准在其地搭戲臺。茲值蒇事之期，謹摞實以誌。

楊小[illegible]十二元

偃師縣保衛團第三團[illegible]王廣業撰文

偃師縣師範畢業丁[illegible]書

許家莊村民衆仝立

709. 創建大王廟碑記

立石年代：民國時期
原石尺寸：高 57 厘米，寬 78.5 厘米
石存地點：洛陽市偃師區城關鎮許莊村

創建大王廟碑記

嘗思神以佑人，而大王其尤靈者也。余村濱臨河，人稠地狹，歷年來河向南滚，出地甚夥。此雖河勢所致，而實默默中神之精靈所使。村衆感恩，盖廟以報。適有姬君天佑、丁君熙庭、保長丁偉岑、各甲長等，竭力提倡創建廟宇，并金裝神像。是役也，信女負甎，善男做工，遠近募化，皆出諸君之力。廟前有姬君天秋、克儉地一段，每年演戲，准在其地搭戲臺［臺］。玆值蕆事之期，謹據實以誌。

偃師縣保衛團第三團團長孟廣業撰文，偃師縣師範畢業丁□書。

許家莊村民衆同立。

山西李玉亭二元，河北省正定縣徐保連五元，化村化六定一元。王瑶：王戊己各一元，王温一元。山西：苗子美二元，王子英二元，王子厚，以上各捐貳元。陝西：葉潤堂一元，王平軒一元，寧天禄各捐一千元。洛陽協信公司捐洋二元。槐庙村：和趙卿二元，聚興長二元，齐呈祥二元，慶豐永二元，裕泰隆二元，王傑三二元，中興長二元，丁發旺，元聚祥，以上各捐洋貳元，付□魏兆中一元，東溝刘登盈一元。北瑶：赵柱子五毛，明升魁一元。槐庙：中興久、森原，各捐貳元，義順永、義和昌，各捐三元。孟津王群枝一元。東蔡庄：韓法祥一元。槐庙：公興久一元，文庋源一元，田光福捐一元，聚源、于林捐五毛。老城：蔡子功二元，義太昌二元，魁茂永捐二元，西义溝一元九毛。北街：王張氏一元，萬福洞五元，祖母社刘元，義和恒二元，慶丰源二元，元順昌捐二元，餘慶長一元，復興樓一元，福順隆一元，泉茂涌一元，協丰隆一元，庑華一元，義和太一元，玉聚恒一元，林茂長一元，同德恒一元，萬順永一元，馬保同一元，馬小同一元，張荣耀一元，張呼蘭捐洋一元，中义溝六毛。城南街：張南方、闫鐵成各一元，陳双成四毛，石硯耕五元，同義祥捐五元，均興和八毛，信成八毛，臧福才捐八毛，隆興義五毛，丁經天五毛，復慶祥五毛，雙興隆五毛，鴻升永五毛，張圪底五毛，同慶福五毛，謙益隆五毛，瑞記五毛，庑太祥五毛，四海春捐五毛，段湾一元一毛，齊庄二元一毛，寺莊一元二毛，外瑶七毛，東關三元，大中飯莊捐一元，義和永捐四毛，東興和捐五毛，和太永捐七毛五，自立成捐三毛，楊石頭捐一元。南關：馬黑九一元，姬中央一元，張末一元，周順一元。湯泉溝：楊喜以上一元，李焕章二元，刘同祥二元，花户八毛，刘雲亭一元五毛。塔庄：李東海三元，任刘盈二元。

索　引

〔注〕：

1. 本書所有碑刻先按所在地級市順序排列，地級市順序以漢語拼音字母次序排列。

2. 地級市以下碑刻再按縣（市、區）漢語拼音字母次序排列。

3. 縣（市、區）以下碑刻按年代順序排列，年代相同的按月日順序排列，年月日相同的按碑文題目漢語拼音字母次序排列。

4. 每一碑刻詞條保留編號、碑題、立石年代（含公元紀年）信息。

安陽市

安陽市市區

編號	碑題	立石年代	公元紀年
8-1	西門君之碑頌（碑陽）	北齊天保五年	（554 年）
8-2	西門君之碑頌（碑陰）	北齊天保五年	（554 年）
8-3	西門君之碑頌（碑左）	北齊天保五年	（554 年）
8-4	西門君之碑頌（碑右）	北齊天保五年	（554 年）
130	萬金渠修治記	明萬曆十六年	（1588 年）

安陽縣

編號	碑題	立石年代	公元紀年
22	魏西門大夫廟記	北宋嘉祐二年	（1057 年）

林州市

編號	碑題	立石年代	公元紀年
91	祈水靈應記	明弘治十八年	（1505 年）
92-1	大旱祈雨碑（碑陽）	明正德二年	（1507 年）
92-2	大旱祈雨碑（碑陰）	明正德二年	（1507 年）
98	重修滴水岩碑記	明正德十三年	（1518 年）
110-1	重建水連洞歇馬殿碑記（碑陽）	明嘉靖二十六年	（1547 年）
110-2	重建水連洞歇馬殿碑記（碑陰）	明嘉靖二十六年	（1547 年）

134	重修龍泉山净岩院水陸殿記	明萬曆二十二年	（1594 年）
162-1	游滴水岩二首（碑陽）	清順治四年	（1647 年）
162-2	游滴水岩二首（碑陰）	清順治四年	（1647 年）
167	靈應碑碑記	清順治十三年	（1656 年）
168	重修昭澤龍王殿俚言	清康熙元年	（1662 年）
170	北郊村重修三宗廟碑記	清康熙三年	（1664 年）
174	重修龍王廟碑記	清康熙十年	（1671 年）
183	大旱祈雨碑	清康熙二十三年	（1684 年）
193	創造慈船立碑爲記	清康熙三十六年	（1697 年）
196	重修廟宇記	清康熙四十年	（1701 年）
197	重修龍王廟碑記	清康熙四十一年	（1702 年）
200	興國寺重修水陸殿佛順橋碑	清康熙四十四年	（1705 年）
211	新建龍王殿碑記	清雍正三年	（1725 年）
212	甘霖大沛	清雍正四年	（1726 年）
223	重造善船碑記	清雍正九年	（1731 年）
227	祈雨靈感碑記	清乾隆二年	（1737 年）
229	青白二龍靈感碑記	清乾隆三年	（1738 年）
235	感德碑記	清乾隆十年	（1745 年）
236	創修龍神廟碑	清乾隆十一年	（1746 年）
238	重修龍王廟碑記	清乾隆十二年	（1747 年）
257	林州合澗鎮謝公渠賣地契碑記	清乾隆二十三年	（1758 年）
261	降雨感德碑	清乾隆二十四年	（1759 年）
263	感應碑記	清乾隆二十六年	（1761 年）
280	穿井碑記	清乾隆三十五年	（1770 年）
289	頌聖碑	清乾隆四十一年	（1776 年）
311	乙巳創修神祠記	清乾隆五十七年	（1792 年）
342	任村集南街祈雨碑記	清嘉慶九年	（1804 年）
354	創修廟碑記	清嘉慶十五年	（1810 年）
373	創修戲樓碑記	清道光元年	（1821 年）
369	硯凹水村村規民約碑記	清道光元年	（1821 年）
372-1	重修龍神廟記（碑陽）	清道光元年	（1821 年）
372-2	重修龍神廟記（碑陰）	清道光元年	（1821 年）
374	重修龍王廟碑記	清道光元年	（1821 年）
380	重修大池碑記	清道光五年	（1825 年）
381	法濟寺遭遇大水碑記	清道光五年	（1825 年）
389	南灣穿井碑記	清道光八年	（1828 年）
396	重修烏雲山碑	清道光十年	（1830 年）
441	重修大池碑記	清道光二十四年	（1844 年）
442-1	創修龍神殿碑記（碑陽）	清道光二十四年	（1844 年）
442-2	創修龍神殿碑記（碑陰）	清道光二十四年	（1844 年）
450	重修昭澤侯廟記	清道光二十八年	（1848 年）
454	重造渡船碑記	清道光三十年	（1850 年）
457	柳石灘碑	清咸豐元年	（1851 年）

458	創建菩薩拜殿及池北橋路碑記	清咸豐元年	（1851 年）
478	重修塑花山三宗廟碑記	清咸豐十一年	（1861 年）
482	補修龍神廟碑記	清同治三年	（1864 年）
488	創修拜殿碑記	清同治六年	（1867 年）
491	重修龍王廟記	清同治九年	（1870 年）
501	更修蒼龍廟創建戲臺棟宇碑記	清同治十一年	（1872 年）
511	重修萬善橋碑序	清光緒二年	（1876 年）
512	嚴立禁約碑	清光緒四年	（1878 年）
515	天灾碑文	清光緒五年	（1879 年）
519	重修禪房并記述灾荒碑	清光緒六年	（1880 年）
521-1	灾荒碑記（碑陽）	清光緒七年	（1881 年）
521-2	灾荒碑記（碑陰）	清光緒七年	（1881 年）
522-1	重修觀音堂碑序（碑陽）	清光緒七年	（1881 年）
522-2	重修觀音堂碑序（碑陰）	清光緒七年	（1881 年）
526	重修媧媓等宫碑記	清光緒七年	（1881 年）
527	重修觀音堂碑記	清光緒七年	（1881 年）
524	重修滴水岩碑記	清光緒七年	（1881 年）
532-1	重修黄龍王殿碑記（碑陽）	清光緒九年	（1883 年）
532-2	重修黄龍王殿碑記（碑陰）	清光緒九年	（1883 年）
539	重修聚仙庵碑記	清光緒十年	（1884 年）
537	創修虹露棧路三聖祠廟黑山泓南馬棘棧北碑記	清光緒十年	（1884 年）
545	重修滴水岩祖師廟碑記	清光緒十四年	（1888 年）
550	重修龍王廟碑記	清光緒十六年	（1890 年）
549-1	重修黄龍廟碑記（碑陽）	清光緒十六年	（1890 年）
549-2	重修黄龍廟碑記（碑陰）	清光緒十六年	（1890 年）
558	重修府君廟龍神廟碑記	清光緒二十年	（1894 年）
572	祈雨碑記	清光緒二十六年	（1900 年）
575	創修井泉字碑記	清光緒二十七年	（1901 年）
578-1	謝公渠重修碑（碑陽）	清光緒二十八年	（1902 年）
578-2	謝公渠重修碑（碑陰）	清光緒二十八年	（1902 年）
582	板橋會	清光緒二十九年	（1903 年）
592	荒年序	清光緒年間	
621	龍泉寺建學記	清代	
624	灾荒碑記	民國元年	（1912 年）
625	創立石廟碑記	民國元年	（1912 年）
628	洞碑序	民國二年	（1913 年）
627-1	重新蒼龍廟序（碑陽）	民國二年	（1913 年）
627-2	重新蒼龍廟序（碑陰）	民國二年	（1913 年）
632	祈雨碑記	民國五年	（1916 年）
645	明季龍潛溝白龍神張簡故里碑	民國十年	（1921 年）
644	重修謝公渠碑記	民國十年	（1921 年）
659	豹臺村祈雨碑記	民國十五年	（1926 年）

661	祈雨碑記	民國十六年	（1927 年）
672	創修龍母廟碑記	民國二十一年	（1932 年）
679	豹臺村重修龍鳳池碑記	民國二十三年	（1934 年）
680	創修游龍渠盤龍潭碑記	民國二十四年	（1935 年）
681-1	重修池塘碑記（碑陽）	民國二十四年	（1935 年）
681-2	重修池塘碑記（碑陰）	民國二十四年	（1935 年）
694	大郊村水池地段四至碑	民國二十八年	（1939 年）
692	重修峪渠碑記	民國二十八年	（1939 年）
699	重修三大士殿碑記	民國三十一年	（1942 年）

湯陰縣

103	禹碑歌	明嘉靖十一年	（1532 年）

鶴壁市

淇縣

55	淇州靈山龍祠祈禱感應之記	元泰定二年	（1325 年）

浚縣

12	洪經綸題記	唐建中元年	（780 年）
29	康顯侯告碑	北宋宣和元年	（1119 年）
53	大伾新造石觀音像頌并序	元至治三年	（1323 年）
57	張鉉題記	元元統元年	（1333 年）
62	浚州重建龍祠記	元至正十年	（1350 年）
69	浚縣重建龍祠記	明宣德十年	（1435 年）
84	重建大伾山豐澤廟記	明成化二十一年	（1485 年）
88	王守仁游大伾山賦	明弘治十二年	（1499 年）
89	劉台識刻而跋王越詩一首	明弘治十三年	（1500 年）
118	衛河廉川橋碑	明嘉靖四十五年	（1566 年）
135	張其忠詩一首	明萬曆二十六年	（1598 年）
140	龍洞神雨記	明萬曆三十七年	（1609 年）
150	苏壯祈雨碑	明崇禎八年	（1635 年）
169	重修禹王廟碑記	清康熙元年	（1662 年）
175	重修龍洞記	清康熙十一年	（1672 年）

176	龍洞	清康熙十一年	（1672 年）
180	張夢亨等輸資財碑記	清康熙十八年	（1679 年）
182	塑五龍神像碑引	清康熙二十一年	（1682 年）
233	胡紹芬題記	清乾隆六年	（1741 年）
240	浚縣大伾山道院重修坊亭碑記	清乾隆十三年	（1748 年）
362	游大伾山記	清嘉慶二十四年	（1819 年）
470	重修康顯侯祠記	清咸豐七年	（1857 年）
536	重修禹廟碑記	清光緒十年	（1884 年）
557	浚縣大伾山詩刻	清光緒二十年	（1894 年）
630	重修大伾山禹廟碑記	民國四年	（1915 年）
638	救災紀念詩碑	民國六年	（1917 年）
673	懷禹碑	民國二十一年	（1932 年）
675	瞻彼淇澳碑	民國二十二年	（1933 年）
697	重修大伾山龍洞記	民國三十年	（1941 年）
701	禹貢名山碑	民國三十二年	（1943 年）
702	縣長王公兩次祈雨靈驗記	民國三十二年	（1943 年）

濟源市〔注〕

6	石門銘	曹魏正始五年	（244 年）
11-1	游濟瀆記（碑陽）	唐天寶六年	（747 年）
11-2	游濟瀆記（碑陰）	唐天寶六年	（747 年）
13-1	濟瀆廟北海壇祭器碑（碑陽）	唐貞元十三年	（797 年）
13-2	濟瀆廟北海壇祭器碑（碑陰）	唐貞元十三年	（797 年）
14	沁河枋口等記	唐元和六年	（811 年）
15	大漢河陽節度使光禄大夫檢校太傅兼御史大夫上柱國隴西公奉宣祭瀆記	後漢乾祐二年	（949 年）
16	重書龍池石塊記	北宋開寶六年	（973 年）
18	白居易游濟源詩碑	北宋大中祥符八年	（1015 年）
19	濟瀆廟頌碑	北宋大中祥符九年	（1016 年）
20	濟瀆詩	北宋天聖三年	（1025 年）
23	重修濟廟記	北宋嘉祐四年	（1059 年）
25	文彦博游枋口詩序	北宋熙寧六年	（1073 年）
26	留題濟瀆廟	北宋元豐五年	（1082 年）
28	靈符碑	北宋政和六年	（1116 年）
31	濟瀆清源忠護王誥	北宋宣和七年	（1125 年）
34	濟源縣創建石橋記	金大定二十年	（1180 年）

〔注〕：濟源市是河南省直轄縣級市，故在本索引中將之与地級市并列。

36	重修濟瀆廟記	金正大五年	（1228年）
37	創建開平府祭告濟瀆記	蒙古憲宗六年	（1256年）
38	濟瀆投龍簡記	蒙古至元七年	（1270年）
39	皇太子燕王嗣香碑記	元至元九年	（1272年）
41	代祀濟瀆投龍簡記	元至元十二年	（1275年）
45	濟瀆靈异記	元至元二十四年	（1287年）
46	皇子鎮南王祭瀆記	元至元二十七年	（1290年）
47	加封北海廣澤靈祐王記	元至正二十九年	（1292年）
49-1	投龍簡記（碑陽）	元延祐元年	（1314年）
49-2	投龍簡記（碑陰）	元延祐元年	（1314年）
50	大元投奠龍簡之記	元延祐二年	（1315年）
54	周天大醮投龍簡記	元泰定元年	（1324年）
61	濟瀆潮賜之記	元至正九年	（1349年）
68	大明詔旨碑	明洪武三年	（1370年）
73	明景泰六年御製祝文	明景泰六年	（1455年）
75	明天順元年御製祭文	明天順元年	（1457年）
80	明成化四年御製祭文	明成化四年	（1468年）
138	重修北海濟瀆廟記	明萬曆三十二年	（1604年）
142	袁公祠楹聯	明萬曆四十年	（1612年）
185	清康熙二十七年御製祭文	清康熙二十七年	（1688年）
203	清康熙五十二年御製祭文	清康熙五十二年	（1713年）
490	偕友游濟瀆祠記	清同治八年	（1869年）
598	三公祠楹聯	清代	

焦作市

博愛縣

7-1	武德于府君等造義橋石像之碑（碑陽）	東魏武定七年	（549年）
7-2	武德于府君等造義橋石像之碑（碑陰）	東魏武定七年	（549年）
7-3	武德于府君等造義橋石像之碑（碑右、碑左）	東魏武定七年	（549年）
48-1	河内縣廣濟屯創建成湯廟記（碑陽）	元元貞元年	（1295年）
48-2	河内縣廣濟屯創建成湯廟記（碑陰）	元元貞元年	（1295年）
90	題課蜜泉	明弘治十七年	（1504年）
121	創建金龍大王神祠記	明隆慶五年	（1571年）
131	重修湯帝廟三門施財碑	明萬曆十七年	（1589年）
164	重修湯王老爺大殿碑記	清順治七年	（1650年）
171-1	大王廟創建戲樓碑記（碑陽）	清康熙七年	（1668年）

171-2	大王廟創建戲樓碑記（碑陰）	清康熙七年	（1668 年）
194	重修湯帝寶殿碑記	清康熙三十六年	（1697 年）
198	清化鎮大王廟竪立旗杆碑記	清康熙四十一年	（1702 年）
199	重修方山社佛爺頂龍王殿碑記	清康熙四十二年	（1703 年）
207	感恩碑記	清康熙六十年	（1721 年）
208	白馬寺地畝碑	清康熙六十一年	（1722 年）
272	重修石佛堂碑記	清乾隆三十年	（1765 年）
273	築堤移廟序	清乾隆三十年	（1765 年）
325	官府保護萬北園種竹户德政碑	清嘉慶二年	（1797 年）
331	重修龍王五神聖像碑記	清嘉慶五年	（1800 年）
352	挑挖泉源引水入丹濟運批文碑	清嘉慶十五年	（1810 年）
351	創建善船碑記	清嘉慶十五年	（1810 年）
358	重修龍王五神廟碑記	清嘉慶二十一年	（1816 年）
370	重修龍王五神聖像碑記	清道光元年	（1821 年）
375	重修金龍四大王廟碑記	清道光二年	（1822 年）
391	重修天仙聖母廟記	清道光九年	（1829 年）
400	創修大殿記	清道光十一年	（1831 年）
429	重建湯王廟聖殿碑記	清道光二十年	（1840 年）
439	創修龍大王廟宇	清道光二十四年	（1844 年）
462	龍神橋碑記	清咸豐四年	（1854 年）
463	重修龍王廟序	清咸豐五年	（1855 年）
469	告示碑	清咸豐七年	（1857 年）
468	邑侯保護萬北竹園德政碑	清咸豐七年	（1857 年）
474	重修金龍四大王廟碑記	清咸豐九年	（1859 年）
503	澆水糾紛碑記	清同治十一年	（1872 年）
506	歐陽公祠德政碑記	清同治十三年	（1874 年）
510	創建拜殿東河石橋并修四處路徑碑記	清光緒元年	（1875 年）
517	旱災記	清光緒五年	（1879 年）
540	重修玉皇廟池塘碑	清光緒十二年	（1886 年）
544	大寨底改修舞樓碑誌	清光緒十四年	（1888 年）
561	大寨底重修觀音堂碑誌	清光緒二十二年	（1896 年）
587	新開山口外王姓地井誌石	清光緒三十二年	（1906 年）
629	嚴禁在廟地開采煤垂鑒來兹碑	民國二年	（1913 年）
641-1	沁陽縣漕糧免耗减價紀念碑記（碑陽）	民國八年	（1919 年）
641-2	沁陽縣漕糧免耗减價紀念碑記（碑陰）	民國九年	（1920 年）
678	重修龍王廟頂補廟墻金妝聖像碑記	民國二十三年	（1934 年）

焦作市市區

86	重修濟瀆廟記	明弘治十年	（1497 年）
286	重修蠶姑瘟神殿碑	清乾隆四十年	（1775 年）

孟州市

42	孟州重修濟瀆行宫之碑	元至元十六年	（1279年）
43	重修天地水三官廟記	元至元二十四年	（1287年）
63	金堤西創建靈濟昭祐顯聖王廟記	元至正十年	（1350年）

沁陽市

33	創修泉池之記	金大定五年	（1165年）
51	大元濟瀆源善濟王行宫遺廟碑	元延祐六年	（1319年）
52-1	重修真澤廟記（碑陽）	元延祐七年	（1320年）初刻
52-2	重修真澤廟記（碑陰）	元延祐七年	（1320年）初刻
59	太一元君紫虚元君廣惠之碑	元至元五年	（1339年）
78	重修沐澗寺聖水記	明天順六年	（1462年）
93	重修山角荒碑記	明正德二年	（1507年）
97-1	東陽館重修湯廟記（碑陽）	明正德十年	（1515年）
97-2	東陽館重修湯廟記（碑陰）	明正德十年	（1515年）
96	浚河砌橋記	明正德十年	（1515年）
99-1	懷慶府創建沁河浮橋記（碑額）	明嘉靖元年	（1522年）
99-2	懷慶府創建沁河浮橋記（碑陽）	明嘉靖元年	（1522年）
122	重修北鄉鎮成湯廟三門記	明隆慶五年	（1571年）
156	重修成湯廟碑記	明代	
160	申老爺祈雨碑	清順治二年	（1645年）
190	建造廒房碑記	清康熙三十三年	（1694年）
226	詳允永興中泗兩河碑記	清雍正十三年	（1735年）
247	修渠碑	清乾隆十七年	（1752年）
265	水灾碑	清乾隆二十六年	（1761年）
277	重修太尉龍王殿碑	清乾隆三十二年	（1767年）
279	善橋會碑文	清乾隆三十三年	（1768年）
319	重修湯帝廟三上殿記	清嘉慶元年	（1796年）
339	重修龍王大殿東西小樓碑記	清嘉慶八年	（1803年）
355	私開小河盗下清渠水告示碑	清嘉慶十七年	（1812年）
364	三石橋碑	清嘉慶二十四年	（1819年）
435	馬營村小丹水利碑記	清道光二十三年	（1843年）
476	咸豐九年控争西灘地畝誌	清咸豐九年	（1859年）
477	修砌濠水除水患記	清咸豐十年	（1860年）
479	録案永記重修碑記	清同治元年	（1862年）
486	修路橋碑記	清同治五年	（1866年）
497	告示	清同治九年	（1870年）
505	懷慶府正堂高大老爺斷案判語	清同治十二年	（1873年）

509 創修義倉記 清光緒元年 （1875年）
514 大灾勸誡碑 清光緒五年 （1879年）
530 義橋碑記 清光緒八年 （1882年）
548 重修堯池記 清光緒十五年 （1889年）
560 幫挑河道碑 清光緒二十二年 （1896年）
571 建修碑記 清光緒二十六年 （1900年）
593 重修陳氏祖祠改爲合户祖祠碑 清宣統元年 （1909年）
643 沁陽縣漕糧減價紀念碑記 民國八年 （1919年）
642-1 窑頭村合村安泉河小官河西河溝底册（碑陽） 民國八年 （1919年）
642-2 窑頭村合村安泉河小官河西河溝底册（碑陰） 民國八年 （1919年）
674 黑龍王廟改建平民學校碑記 民國二十二年 （1933年）
684 香洲陳公遺愛碑記 民國二十四年 （1935年）
685 陳老太公芳田先生遺愛碑 民國二十四年 （1935年）

温縣

105 記事碑 明嘉靖十四年 （1535年）
120 濟瀆廟重塑妝神像記 明隆慶四年 （1570年）
141 重修河瀆大王神祠記 明萬曆三十九年 （1611年）
232 東馬村創建金龍四大王廟碑記 清乾隆六年 （1741年）
239 創建戲樓碑誌 清乾隆十二年 （1747年）
253 堤防禁示碑 清乾隆二十一年 （1756年）
256 衛鎮堤記 清乾隆二十二年 （1757年）
276 大南張重建觀音堂神祠碑記 清乾隆三十二年 （1767年）
314 西保封村東捍水堤記 清乾隆五十八年 （1793年）
323 西橋碑記 清嘉慶二年 （1797年）
349 龍王殿碑 清嘉慶十四年 （1809年）
365 買賣土地契約 清嘉慶二十四年 （1819年）
363 重修河瀆大王祠記 嘉慶二十四年 （1819年）
379 北平皋西社穿井記 清道光五年 （1825年）
398 南賈村義學碑記 清道光十一年 （1831年）
453 重修鳳尾橋碑記 清道光二十九年 （1849年）
466 培修白氏先塋記 清咸豐六年 （1856年）
475 重修三教殿及諸殿金妝神像移修戲樓山門碑記 清咸豐九年 （1859年）
481 建五聖閣序 清同治二年 （1863年）
487-1 地字九十兩號永保公造灘地糧册碑記（碑陽） 清同治五年 （1866年）
487-2 地字九十兩號永保公造灘地糧册碑記（碑陰） 清同治五年 （1866年）
495 敕封管理河神楊將軍祠碑記 清同治九年 （1870年）
496 敕封鎮東侯楊家廟碑記 清同治九年 （1870年）
553 重修湯帝廟碑記 清光緒十七年 （1891年）
613 修橋碑記 清代

610	重修龍王廟碑記	清代	
649	楊公紀功碑	民國十一年	（1922 年）
677	重塑白龍王神像碑	民國二十二年	（1933 年）
676	南渠河村重修大橋碑記	民國二十二年	（1933 年）

武陟縣

210	雍正帝敕修黄淮諸河龍王廟記	清雍正二年	（1724 年）
215	祭金龍大王碑	清雍正五年	（1727 年）

修武縣

27	大宋國懷州河内縣利仁鄉担掌村重修堯聖廟碑記	北宋紹聖二年	（1095 年）
56	濟瀆靈池之記	元天曆三年	（1330 年）
417	吴澤十八橋題名記	清道光十八年	（1838 年）
658	重修井泉碑序	民國十五年	（1926 年）

開封市

71	于忠肅公鎮河鐵犀銘	明正統十一年	（1446 年）
87	黄陵岡塞河功完之碑	明弘治十年	（1497 年）
95	禹王臺時雨亭記碑	明正德九年	（1514 年）
101-1	禹廟記（一）	明嘉靖二年	（1523 年）
101-2	禹廟記（二）	明嘉靖二年	（1523 年）
172	重建禹王廟碑文	清康熙七年	（1668 年）
188	重修禹王臺碑記	清康熙三十年	（1691 年）
189	御書功存河洛記	清康熙三十三年	（1694 年）
191	禹王臺記	清康熙三十四年	（1695 年）
205	游禹王臺記	清康熙五十七年	（1718 年）
494-2	浚惠濟河碑記（二）	清同治九年	（1870 年）
494-1	浚惠濟河碑記（一）	清同治九年	（1870 年）
562	夏峋嶁碑	清光緒二十三年	（1897 年）
650	重修禹王臺碑記	民國十一年	（1922 年）

洛陽市

洛寧縣

225-2	重修禹王廟碑記（碑陰）	清雍正十三年	（1735 年）
225-1	重修禹王廟碑記（碑陽）	清雍正十三年	（1735 年）
293	重修畢澗橋序	清乾隆四十二年	（1777 年）
296-1	創建九龍聖母廟白水龍王行宮僧房一座碑記（碑陽）	清乾隆四十五年	（1780 年）
296-2	創建九龍聖母廟白水龍王行宮僧房一座碑記（碑陰）	清乾隆四十五年	（1780 年）
299-1	重修金山廣惠龍王廟獻殿碑記（碑陽）	清乾隆四十七年	（1782 年）
299-2	重修金山廣惠龍王廟獻殿碑記（碑陰）	清乾隆四十七年	（1782 年）
338	重修河瀆碑記	清嘉慶八年	（1803 年）
384	修理白馬渡口船碑	清道光六年	（1826 年）
413-1	重修崇正橋碑記（碑陽）	清道光十五年	（1835 年）
413-2	重修崇正橋碑記（碑陰）	清道光十五年	（1835 年）
423-1	建立廣惠龍王兩廊廡碑記（碑陽）	清道光十九年	（1839 年）
423-2	建立廣惠龍王兩廊廡碑記（碑陰）	清道光十九年	（1839 年）
502-1	重修奶奶廟并石橋碑記（碑陽）	清同治十一年	（1872 年）
502-2	重修奶奶廟并石橋碑記（碑陰）	清同治十一年	（1872 年）
499-1	龍王廟重修碑記（碑陽）	清同治十一年	（1872 年）
499-2	龍王廟重修碑記（碑陰）	清同治十一年	（1872 年）
554	修白馬渡口船碑	清光緒十八年	（1892 年）
599-1	永昌渠水條規碑記（碑陽）	清代	
599-2	永昌渠水條規碑記（碑陰）	清代	
600-1	永昌渠争訟官斷碑記（碑陽）	清代	
600-2	永昌渠争訟官斷碑記（碑陰）	清代	
609	重修龍王廟與四聖祠碑記	清代	

欒川縣

201	新建大王廟序	清康熙五十一年	（1712 年）
243-1	邑庠生何岳創修湯王殿舞樓碑（碑陽）	清乾隆十五年	（1750 年）
243-2	邑庠生何岳創修湯王殿舞樓碑（碑陰）	清乾隆十五年	（1750 年）
267	重修石橋碑記	清乾隆二十七年	（1762 年）
366-1	創修叫河犂水潭石橋布施碑（碑陽）	清嘉慶二十五年	（1820 年）
366-2	創修叫河犂水潭石橋布施碑（碑陰）	清嘉慶二十五年	（1820 年）
367-1	創修叫河犂水潭石橋記（碑陽）	清嘉慶二十五年	（1820 年）
367-2	創修叫河犂水潭石橋記（碑陰）	清嘉慶二十五年	（1820 年）
421	重修龍王廟五聖祠記	清道光十八年	（1838 年）
461	重修黄大王廟碑記	清咸豐四年	（1854 年）

480	補修黄大王廟前後左右殿碑記	清同治二年	（1863 年）
498	重修黄大王廟獻殿三楹碑記	清同治十年	（1871 年）
507	補修黄大王廟中殿前後左右碑記	清同治十三年	（1874 年）
631	重修舞樓書房廟橋記	民國四年	（1915 年）
662	重修石橋記	民國十六年	（1927 年）
665	里和堡創開興龍渠碑文	民國十七年	（1928 年）

洛陽市市區

113	黄公廣濟橋碑記	明嘉靖三十九年	（1560 年）
116	重修五龍廟記	明嘉靖四十二年	（1563 年）
124	重修九龍聖母祠記	明萬曆元年	（1573 年）
202	洛京白馬寺釋教源流碑記	清康熙五十二年	（1713 年）
308	張松孫書洛神賦	清乾隆五十六年	（1791 年）
344	開浚洛嵩兩邑新舊各渠總碑記	清嘉慶十年	（1805 年）
359	靈佑帝全龍圖大王廟碑記	清嘉慶二十二年	（1817 年）
361	趙家坡重修普濟橋碑誌	清嘉慶二十三年	（1818 年）
368	開浚河南府洛嵩兩邑各渠碑記	清嘉慶年間	
386	義井碑記	清道光七年	（1827 年）
425	六家公用井路碑記	清道光二十年	（1840 年）
446	建修五聖祠碑記	清道光二十六年	（1846 年）
493	古洛渠第十七閘恪遵本渠定章碑誌	清同治九年	（1870 年）
566	大靖渠章程十二條	清光緒二十三年	（1897 年）
604	河圖贊	清代	
612	洛書贊	清代	
620	龍門勝概碑	清代	
648	重鎸廣濟橋碑記跋	民國十一年	（1922 年）
654	大靖渠公議章程碑	民國十四年	（1925 年）
683	公用井水碑記	民國二十四年	（1935 年）
689-1	創建天津橋新亭記碑（一）	民國二十六年	（1937 年）
689-2	創建天津橋新亭記碑（二）	民國二十六年	（1937 年）
689-3	創建天津橋新亭記碑（三）	民國二十六年	（1937 年）
689-4	創建天津橋新亭記碑（四）	民國二十六年	（1937 年）

孟津區

1	漢都鄉水利客舍約束券碑	東漢永元十年	（98 年）
109	重修龍馬負圖寺建立碑記	明嘉靖二十四年	（1545 年）
117	新建伏羲廟記	明嘉靖四十四年	（1565 年）
139	瘟神社碑	明萬曆三十五年	（1607 年）
145	創建湯帝拜殿舞樓碑記	明萬曆四十七年	（1619 年）
155	明刻夏禹王聖像并贊	明代	

166	重建上古村白龍王廟碑叙	清順治十二年	（1655 年）
181	重修上古村龍王廟□溝橋碑記	清康熙二十一年	（1682 年）
250	重修土橋碑記	清乾隆十九年	（1754 年）
252	創修九龍聖母宫功德碑	清乾隆二十一年	（1756 年）
275	重修湯王聖殿及僧舍墻院碑記	清乾隆三十二年	（1767 年）
294	船户公議支差立約碑	清乾隆四十二年	（1777 年）
307	河出圖歌	清乾隆五十六年	（1791 年）
329-2	重修五龍廟墻垣小記（碑陰）	清嘉慶五年	（1800 年）
329-1	重修五龍廟墻垣小記（碑陽）	清嘉慶五年	（1800 年）
383	修橋碑記	清道光六年	（1826 年）
433	創建津邑西官莊村橋碑	清道光二十二年	（1842 年）
460	重修龍王廟碑記	清咸豐二年	（1852 年）
464	權家嶺龍王廟修繕碑記	清咸豐五年	（1855 年）
467	重修大王廟金妝神像碑序	清咸豐六年	（1856 年）
472	遷移觀音堂碑記	清咸豐九年	（1859 年）
551	漕規碑記	清光緒十六年	（1890 年）
556	止開山碑記	清光緒二十年	（1894 年）
614	朝水規則碑	清代	
602	河圖八卦吟四章	清代	
603	河圖吟	清代	
622	龍馬記	清代	
640	谢鴻昇德教碑	民國八年	（1919 年）

汝陽縣

137	重修五龍廟碑	明萬曆二十七年	（1599 年）
222	重修五龍廟記	清雍正八年	（1730 年）
246	重修龍王廟并金塑神像碑記	清乾隆十六年	（1751 年）
254	重修五龍廟碑記	清乾隆二十一年	（1756 年）
285	九龍聖母行宫重修金妝神像碑記	清乾隆四十年	（1775 年）
305	增修善橋碑	清乾隆五十三年	（1788 年）
345	創繪觀音寺水陸軸相建石橋欄杆并重修兩厢房碑記	清嘉慶十一年	（1806 年）
350	獨力創建繼志橋碑	清嘉慶十五年	（1810 年）
394	重修五龍廟碑記	清道光十年	（1830 年）
399	觀音堂水旱地畝邊界渠道規矩碑	清道光十一年	（1831 年）
409	公議渠碑	清道光十四年	（1834 年）
483	何家村何姓同族補修永定橋碑記	清同治四年	（1865 年）
529	重刻龍王廟施地碑記	清光緒八年	（1882 年）
541	創開東興渠碑記	清光緒十二年	（1886 年）
543	觀音寺八景詩題	清光緒十四年	（1888 年）
611	重修龍溪橋碑記	清代	
626	創修水渠碑記	民國元年	（1912 年）

嵩縣

148	創建廣濟橋碑記	明天啓二年	（1622 年）
231	重修三塗山義應侯廟碑記	清乾隆五年	（1740 年）
241	重修五龍廟碑記	清乾隆十四年	（1749 年）
443	重修五龍廟碑記	清道光二十四年	（1844 年）
538	重修玉泉山橋碑	清光緒十年	（1884 年）
695	宋首三重修温泉碑記	民國二十九年	（1940 年）
698	宋首三率衆開通水道碑記	民國三十年	（1941 年）
703-1	重修龍興寺正殿碑記（碑陽）	民國三十三年	（1944 年）
703-2	重修龍興寺正殿碑記（碑陰）	民國三十三年	（1944 年）

新安縣

35	威顯廟祈雨感應記	金明昌三年	（1192 年）
76-1	重修靈顯九龍宫廟之記（碑陽）	明天順二年	（1458 年）
76-2	重修靈顯九龍宫廟之記（碑陰）	明天順二年	（1458 年）
143-1	南藥料村重建龍王廟碑（碑陽）	明萬曆四十五年	（1617 年）
143-2	南藥料村重建龍王廟碑（碑陰）	明萬曆四十五年	（1617 年）
146	明新安縣官水磨露明堂碑	明萬曆四十八年	（1620 年）
184	創修九龍聖母碑記	清康熙二十三年	（1684 年）
209	創建龍池神泉碑記	清康熙六十一年	（1722 年）
220	重修聖水泉碑記	清雍正七年	（1729 年）
278	重修九龍聖母廟碑序	清乾隆三十三年	（1768 年）
306	劉八嶺重修玉皇殿龍王廟碑記	清乾隆五十四年	（1789 年）
326	創修龍王廟碑記	清嘉慶二年	（1797 年）
334-1	九龍聖君廟洞酬願記（碑陽）	清嘉慶六年	（1801 年）
334-2	九龍聖君廟洞酬願記（碑陰）	清嘉慶六年	（1801 年）
335	重修龍王廟碑記	清嘉慶七年	（1802 年）
348	西渠村龍王廟碑記	清嘉慶十三年	（1808 年）
419	山窩村陳姓鑿井碑記	清道光十八年	（1838 年）
448	合村重修龍王廟碑文	清道光二十六年	（1846 年）
449-1	開渠灌田合同碑（碑陽）	清道光二十八年	（1848 年）
449-2	開渠灌田合同碑（碑陰）	清道光二十八年	（1848 年）
492	築堰淤地碑記	清同治九年	（1870 年）
570	紙房村與圪塔村争水訟案和解碑記	清光緒二十五年	（1899 年）
574	平龍澗河争水碑記	清光緒二十七年	（1901 年）
580	施渠道碑	清光緒二十九年	（1903 年）
583	創修玉梅渠碑記	清光緒二十九年	（1903 年）
597	陳村施錢生息備井繩用碑	清宣統三年	（1911 年）
633	施渠道碑	民國五年	（1916 年）
634	創修水源渠記	民國五年	（1916 年）

682	金妝九龍聖母九龍聖像暨補修正殿東山墻繪畫正拜殿兩壁重修西官廳記	民國二十四年	（1935 年）

偃師區

10	唐周公祠碑	唐開元二年	（714 年）
132	新修善橋碑記	明萬曆二十年	（1592 年）
161	黨將軍母吕夫人之神位	清順治二年	（1645 年）
179	重修夏二母廟碑記	清康熙十六年	（1677 年）
219	金妝黄大王神像碑記	清雍正六年	（1728 年）
237	嵩蘿山新開萬悦池碑記	清乾隆十二年	（1747 年）
248	敕封靈佑襄濟王黄老爺之神墓	清乾隆十七年	（1752 年）
255	廟前創建池塘碑記	清乾隆二十一年	（1756 年）
271	伊洛大漲碑記	清乾隆三十年	（1765 年）
298	五龍廟大殿重修并金妝神像碑記	清乾隆四十七年	（1782 年）
310	金妝夏塗山皇后神像記	清乾隆五十六年	（1791 年）
353	黄大王故里碑	清嘉慶十五年	（1810 年）
387	重修陂池路并水口碑	清道光七年	（1827 年）
402	創建文昌閣碑記	清道光十二年	（1832 年）
426	重修白雲橋西頭及石欄碑記	清道光二十年	（1840 年）
440	重修五龍宫碑記	清道光二十四年	（1844 年）
459	五龍廟香火地四至碑記	清咸豐二年	（1852 年）
513-1	因旱垂戒碑（碑陽）	清光緒五年	（1879 年）
513-2	因旱垂戒碑（碑陰）	清光緒五年	（1879 年）
533	記叙荒年碑	清光緒九年	（1883 年）
577	防旱碑記	清光緒二十八年	（1902 年）
581	黄大王後裔祭優碑記	清光緒二十九年	（1903 年）
585	光緒丁丑戊寅年捐賑碑記	清光緒三十二年	（1906 年）
589	重修井碑	清光緒三十三年	（1907 年）
653	省莊村修井碑記	民國十三年	（1924 年）
667	省莊村創修後洞水池碑記	民國十八年	（1929 年）
669	重修樂善橋碑記	民國十九年	（1930 年）
671	洛陽夾河水災振務紀念碑記	民國二十年	（1931 年）
696	重修黄大王祠堂碑記	民國三十年	（1941 年）
704	芝田南街創鑿新井碑記	民國三十三年	（1944 年）
705	創建黄爺行宫記	民國三十五年	（1946 年）
707	創建凌雲樓記	民國三十六年	（1947 年）
709	創建大王廟碑記	民國時期	

伊濱區

186	重修萬安山白龍潭白龍王廟碑記	清康熙二十九年	（1690 年）

395	重修河大王廟碑	清道光十年	（1830 年）
404	黄氏創修祠堂碑記	清道光十二年	（1832 年）
639	太和渠免大工杦碑記	民國七年	（1918 年）
656	北岡寨堡修築記	民國十五年	（1926 年）
690	金妝白龍王聖像碑記	民國二十七年	（1938 年）
691	徐君登蟾施路碑記	民國二十八年	（1939 年）
700	創修堤壩碑記	民國三十一年	（1942 年）

伊川縣

79	重修濟瀆行宫廟記	明成化三年	（1467 年）
158	鳴皋鎮西臺記	明代	
228	重修白龍廟碑記	清乾隆二年	（1737 年）
242	重修龍王廟碑文	清乾隆十五年	（1750 年）
258	重修水渠碑記	清乾隆二十三年	（1758 年）
288	修龍王廟暨樂舞樓并金妝神像記	清乾隆四十一年	（1776 年）
295	邑侯張太老爺重開中溪村公順古渠碑記	清乾隆四十二年	（1777 年）
309	重修海凸岐龍神祠碑記	清乾隆五十六年	（1791 年）
320-1	順濟渠碑（碑陽）	清嘉慶元年	（1796 年）
320-2	順濟渠碑（碑左）	清嘉慶元年	（1796 年）
320-3	順濟渠碑（碑右）	清嘉慶元年	（1796 年）
321-1	順濟渠斷案碑（碑陽）	清嘉慶元年	（1796 年）
321-2	順濟渠斷案碑（碑左）	清嘉慶元年	（1796 年）
321-3	順濟渠斷案碑（碑右）	清嘉慶元年	（1796 年）
336	創修伊河大王廟碑記	清嘉慶七年	（1802 年）
357	大王廟并茶亭創修碑記	清嘉慶十八年	（1813 年）
371	古城村周城渠争訟具結碑文	清道光元年	（1821 年）
385	古城村公議渠規	清道光六年	（1826 年）
392	關聖帝君行雨龍神廣生聖母廟前創修拜殿五間碑記	清道光十年	（1830 年）
397	創修伊河大王拜殿并金妝神像繪畫墻壁碑	清道光十年	（1830 年）
437	重修海凸坡龍神祠碑記	清道光二十三年	（1843 年）
444	優免河工差徭感德碑	清道光二十五年	（1845 年）
456	創建興隆寺碑記	清咸豐元年	（1851 年）
471	公施香火地碑記	清咸豐九年	（1859 年）
484	蔣李義渠碑記	清同治四年	（1865 年）
500	重修龍王廟碑記	清同治十一年	（1872 年）
504	重修九龍聖母廟并金妝神像布施碑記	清同治十二年	（1873 年）
542	重修龍王廟并增陪殿碑記	清光緒十三年	（1887 年）
595-1	重修四瀆神祠碑記（碑陽）	清宣統元年	（1909 年）
595-2	重修四瀆神祠碑記（碑陰）	清宣統元年	（1909 年）
655	創修齊天大聖及龍王廟碑記	民國十四年	（1925 年）

660	建修九龍聖母廟碑	民國十六年	（1927年）
670	中央最高法院判決恢復雲溪永清永利馬迴永新等渠碑記	民國二十年	（1931年）

宜陽縣

147	重修普嚴寺碑記	明萬曆年間	
153	鳳泉詩碑	明代	
154	蕪詞二首奉贈源泉雷父母先生大人	明代	
157	鳳泉詩碑	明代	
178	游靈山報忠寺鳳凰泉	清康熙十六年	（1677年）
218	創修石橋記	清雍正五年	（1727年）
260	青天汪太老爺斷明本山香火地畝栽界存案碑記	清乾隆二十四年	（1759年）
282	重修山門前石橋碑	清乾隆三十七年	（1772年）
290	官碑記序	清乾隆四十二年	（1777年）
303	祈雨碑記	清乾隆四十八年	（1783年）
315	重修大明渠碑記	清乾隆五十九年	（1794年）
318	重修龍王廟碑記	清乾隆年間	
317	重修宣德渠碑記	清乾隆年間	
377-1	建連昌渡洋橋碑記（碑陽）	清道光二年	（1822年）
377-2	建連昌渡洋橋碑記（碑陰）	清道光二年	（1822年）
393	輪流灌田碑記	清道光十年	（1830年）
403	移修祖廟記	清道光十二年	（1832年）
411	重修福安橋碑記	清道光十四年	（1834年）
412-1	重修橋梁碑記（碑陽）	清道光十五年	（1835年）
412-2	重修橋梁碑記（碑陰）	清道光十五年	（1835年）
436	重修靈山報忠寺大殿碑	清道光二十三年	（1843年）
447	重修渠道碑記	清道光二十六年	（1846年）
489-1	後元村重修橋梁布施碑（碑陽）	清同治七年	（1868年）
489-2	後元村重修橋梁布施碑（碑陰）	清同治七年	（1868年）
555	重修大王廟碑記	清光緒十九年	（1893年）
584	創修大王廟碑記	清光緒三十一年	（1905年）
596	龍王廟重修序	清宣統二年	（1910年）
607	重修甘泉記	清代	
605	重修大龍廟碑記	清代	
618	游鳳凰山鳳凰泉	清代	
616	創建龍王廟碑記	清代	
635	傅縣長公斷渠水感德碑	民國五年	（1916年）
637	清太學生軼堂李公没思碑	民國六年	（1917年）
647	船户條規	民國十一年	（1922年）
664	重修全廟金妝神像碑記	民國十六年	（1927年）

693	新創老君洞碑記	民國二十八年	（1939 年）
708	南留村永利渠成立碑記	民國三十七年	（1948 年）

南陽

4	西門豹除巫治鄴	東漢	
5	河伯出行圖	東漢	

平頂山市

58	修水磨屋宇執照	元至元四年	（1338 年）
688	濟衆渠工程碑記	民國二十六年	（1937 年）
687	臨汝縣第二區紙坊鎮東北創開濟衆渠碑	民國二十六年	（1937 年）

濮陽市

72-1	明代宗皇帝祭河神御製祭文碑（碑陽）	明景泰六年	（1455 年）
72-2	明代宗皇帝祭河神御製祭文碑（碑陰）	明景泰六年	（1455 年）
74	敕修河道功完之碑	明景泰七年	（1456 年）
165	重修八里廟碑記	清順治九年	（1652 年）
266	乾隆滚水壩碑	清乾隆二十七年	（1762 年）

三門峽市

靈寶市

100	靈寶西路井渠碑	明嘉靖二年	（1523 年）

378 重修石渠碑記 清道光三年 （1823年）
414-1 路井村嚴太爺生祠碑文（碑陽） 清道光十六年 （1836年）
414-2 路井村嚴太爺生祀碑文（碑陰） 清道光十七年 （1837年）
416 夸父峪碑記 清道光十七年 （1837年）
432 下磑路井渠道管理斷結碑 清道光二十二年 （1842年）
445-1 京控開封府原斷争水碑記（碑陽） 清道光二十五年 （1845年）
445-2 京控開封府原斷争水碑記（碑陰） 清道光二十五年 （1845年）
452-1 創修下磑街市房碑記（碑陽） 清道光二十九年 （1849年）
452-2 創修下磑街市房碑記（碑陰） 清道光二十九年 （1849年）
523 合社叙荒年碑 清光緒七年 （1881年）

盧氏縣

559 增修水房碑序 清光緒二十二年 （1896年）

澠池縣

21 小龍門記 北宋至和元年 （1054年）
347 創修仁義水渠序 清嘉慶十三年 （1808年）
594 狄公振海克明王公如用共施同議渠地碑 清宣統元年 （1909年）
686 席氏重修繼志橋碑記 民國二十五年 （1936年）
706 楊維屏先生傳 民國三十六年 （1947年）

三門峽市市區

388 修築波池是序 清道光七年 （1827年）
434 東路富村重飾神像是序 清道光二十二年 （1842年）
652-1 康有為題三門（碑陽） 民國十二年 （1923年）
652-2 康有為題三門（碑陰） 民國十二年 （1923年）

陝州區

531 創建九龍聖廟碑記 清光緒九年 （1883年）

義馬市

302 創建二龍廟碑記 清乾隆四十八年 （1783年）

商丘市

82	鄭城東瓦子河石橋碑銘	明成化八年	（1472 年）
259	乾隆二十三年開歸陳汝四郡河圖碑	清乾隆二十三年	（1758 年）

新鄉市

長垣市

114	邑侯黄公修城記	明嘉靖四十年	（1561 年）
485-1	建修土埝碑記（碑陽）	清同治五年	（1866 年）
485-2	建修土埝碑記（碑陰）	清同治五年	（1866 年）

封丘縣

65-1	漢百里嵩使君之碑（碑陽）	元代	
65-2	漢百里嵩使君之碑（碑陰）	元代	
94-1	重建義勇武安王廟碑記（碑陽）	明正德八年	（1513 年）
94-2	重建義勇武安王廟碑記（碑陰）	明正德八年	（1513 年）
104-1	重修玄帝行祠碑記（碑陽）	明嘉靖十二年	（1533 年）
104-2	重修玄帝行祠碑記（碑陰）	明嘉靖十二年	（1533 年）
136	重修濟源廟記	明萬曆二十七年	（1599 年）
173	玉帝廟碑記	清康熙九年	（1670 年）
177	古黄池碑	清康熙十二年	（1673 年）
262	重修清真寺墻垣碑記	清乾隆二十五年	（1760 年）
284	重修泰山行宫碑記	清乾隆四十年	（1775 年）
287	大王廟重修碑記	清乾隆四十年	（1775 年）
292	重修玄帝廟碑記	清乾隆四十二年	（1777 年）
297	重修觀音大士廟碑記	清乾隆四十六年	（1781 年）
322	重修泰山濟瀆碑記	清嘉慶元年	（1796 年）
341	河南衡家樓新建河神廟碑記	清嘉慶九年	（1804 年）
343-1	大清國河南開封府祥符縣李四股河莊重修碑記（碑陽）	清嘉慶十年	（1805 年）
343-2	大清國河南開封府祥符縣李四股河莊重修碑記（碑陰）	清嘉慶十年	（1805 年）
382	重修包孝肅公神祠碑記	清道光五年	（1825 年）
428-2	關帝廟獻戲酬神碑記（碑陰）	清道光二十年	（1840 年）
428-1	關帝廟獻戲酬神碑記（碑陽）	清道光二十年	（1840 年）

518	封丘縣差徭碑記	清光緒五年	（1879 年）
564-1	重修封丘城隍廟記（碑陽）	清光緒二十三年	（1897 年）
564-2	重修封丘城隍廟記（碑陰）	清光緒二十三年	（1897 年）
608	重修百里使君廟記	清代	

輝縣市

9-1	衛州共城縣百門陂碑銘并序（碑陽）	武周長安四年	（704 年）
9-2	衛州共城縣百門陂碑銘并序（碑陰）	武周長安四年	（704 年）
66	兵部侍郎題名碑	元代	
30	游蘇門山泉詩	北宋宣和四年	（1122 年）
40	翰林大學士王永年咏百泉詩碑	元至元十年	（1273 年）
77	涌金亭等詩碑	明天順四年	（1460 年）
81	趙智等題衛源詩	明成化七年	（1471 年）
111	重修五龍殿碑記	明嘉靖二十八年	（1547 年）
112	祭衛源神碑文	明嘉靖二十九年	（1550 年）
123	祭衛源神碑文	明萬曆元年	（1573 年）
125	咏百泉詩碑	明萬曆四年	（1576 年）
129	張應登游百泉詩碑	明萬曆十五年	（1587 年）
149	致靈源神祭文	明崇禎五年	（1632 年）
151	虹橋記	明崇禎十一年	（1638 年）
159	歷玄子題詩碑	明代	
187	重修衛源廟碑記	清康熙二十九年	（1690 年）
192	重修衛源廟碑記	清康熙三十四年	（1695 年）
195	龍王廟創建碑記	清康熙三十八年	（1699 年）
213	邑賢侯趙公去思碑	清雍正四年	（1726 年）
214	霍公敖公遺愛碑	清雍正四年	（1726 年）
216	嵇公泉碑	清雍正五年	（1727 年）
217	嵇公泉記	清雍正五年	（1727 年）
221	創建永固橋碑記	清雍正七年	（1729 年）
224	重修龍王廟碑記	清雍正十年	（1732 年）
234	楊洙等題百泉詩碑	清乾隆九年	（1744 年）
244	乾隆百泉詩碑	清乾隆十五年	（1750 年）
245	乾隆衛源廟詩碑	清乾隆十五年	（1750 年）
249	重建雙溪橋記	清乾隆十八年	（1753 年）
304	創建白龍廟碑記	清乾隆五十三年	（1788 年）
316	創修龍王廟拜殿序	清乾隆六十年	（1795 年）
324	重修五帝閻羅廟碑記	清嘉慶二年	（1797 年）
327	重修五龍殿序	清嘉慶三年	（1798 年）
340	白鎔游百泉詩	清嘉慶九年	（1804 年）
390	重修衛源廟碑記	清道光八年	（1828 年）
401	程公泉碑	清道光十一年	（1831 年）

408	百泉工竣紀略	清道光十四年	（1834 年）
410	周際華題“泉源”碑	清道光十四年	（1834 年）
418	邑賢侯陳公疏浚泉源碑	清道光十八年	（1838 年）
420	修浚西耿村大泉碑記	清道光十八年	（1838 年）
424	共城水利碑記	清道光二十年	（1840 年）
427	噴玉亭碑	清道光二十年	（1840 年）
431-1	靈源亭（碑陽）	清道光二十年	（1840 年）
431-2	靈源亭（碑陰）	清道光二十年	（1840 年）
438	自衛輝繞道游百泉	清道光二十三年	（1843 年）
451	重建子在川上石坊碑記	清道光二十八年	（1848 年）
455	重修萬安橋碑記	清道光三十年	（1850 年）
508	蘇門留别碑	清同治年間	
516	魏家溝旱荒碑記	清光緒五年	（1879 年）
520	游蘇門山記	清光緒六年	（1880 年）
525	疏河碑記	清光緒七年	（1881 年）
528	課桑亭記	清光緒八年	（1882 年）
546	荒年實録	清光緒十四年	（1888 年）
568	岑春榮重游蘇門題	清光緒二十四年	（1898 年）
576	重浚百泉碑序	清光緒二十七年	（1901 年）
586-1	甘泉碑（碑陽）	清光緒三十二年	（1906 年）
586-2	甘泉碑（碑陰）	清光緒三十二年	（1906 年）
590	秋禾碑記	清光緒三十四年	（1908 年）
601	明邑賢侯劉公聶公段公德政碑	清代	
615	游百泉詩碑	清代	
623	蘇門歌	清代	
617	欽差河南學政渤海劉公優恤青衿豁免差役碑	清代	
619	暮春喜雨即事有序	清代	
666-1	馮泉亭碑（碑陽）	民國十七年	（1928 年）
666-2	馮泉亭碑（碑陰）	民國十七年	（1928 年）

獲嘉縣

106	夏言渡河詞碑	明嘉靖十八年	（1539 年）
107	重修三橋之記	明嘉靖十九年	（1540 年）
270	同盟山禱雨靈應碑記	清乾隆三十年	（1765 年）
300	修武縣免差碑記	清乾隆四十八年	（1783 年）
407	重修周武王飲馬泉暨關帝行宫碑記	清道光十四年	（1834 年）
573	馬廠村新修分水渠碑文	清光緒二十六年	（1900 年）
591	小丹河東渠碑記	清光緒三十四年	（1908 年）
668	創修安樂橋碑記	民國十八年	（1929 年）

衛輝市

17	河神廟香爐記	北宋至道三年	（997 年）
60	黑麓山孚祐公祈雨感應之碑	元至正六年	（1346 年）
67	重建齊聖廣祐王廟記	元代	
70	德勝橋重建記	明正統八年	（1443 年）
83-1	衛輝府重修德勝橋記（碑陽）	明成化十六年	（1480 年）
83-2	衛輝府重修德勝橋記（碑陰）	明成化十六年	（1480 年）
85-1	衛輝府重修石橋記（碑陽）	明弘治六年	（1493 年）
85-2	衛輝府重修石橋記（碑陰）	明弘治六年	（1493 年）
102	贈承德郎户部主事范公封太安人阮氏合葬墓誌銘	明嘉靖二年	（1523 年）
108	重建蕭晏行祠記	明嘉靖二十三年	（1544 年）
127	重修崔府君廟記	明萬曆十年	（1582 年）
144	重修衛輝府金龍四大王廟記	明萬曆四十六年	（1618 年）
152	重修龍王廟碑記	明崇禎十一年	（1638 年）
163	重修東嶽廟碑記	清順治五年	（1648 年）
206	重修金妝碑記	清康熙五十七年	（1718 年）
332	重修府君廟碑記序	清嘉慶六年	（1801 年）
333	重修玄帝廟碑記	清嘉慶六年	（1801 年）
337	永利河捐施地畝碑叙	清嘉慶八年	（1803 年）
356	禱祈靈應立會酬神碑	清嘉慶十七年	（1812 年）
376	重修元天上帝廟碑記	清道光二年	（1822 年）
406	重修龍王廟碑記	清道光十三年	（1833 年）
405	創修水池記	清道光十三年	（1833 年）
535	海宴河清碑	清光緒九年	（1883 年）
565	重修衛輝府城工記	清光緒二十三年	（1897 年）
563	重立舊纂神禹碑記	清光緒二十三年	（1897 年）
606	重修四大王廟宇碑記	清代	
636	重修德勝關大石橋碑記	民國六年	（1917 年）
651	河朔汲縣玄帝廟禱雨靈應記	民國十二年	（1923 年）
657	柳毅大王爺鴻恩德正碑	民國十五年	（1926 年）

新鄉市市區

274	重修玄帝廟碑記	清乾隆三十一年	（1766 年）
281	重修玉皇廟碑記	清乾隆三十六年	（1771 年）
283	重修關帝廟碑序	清乾隆三十八年	（1773 年）
301	金龍四大王廟落成碑記	清乾隆四十八年	（1783 年）
313	分水記	清乾隆五十八年	（1793 年）
328	重修湯王廣生廟碑記	清嘉慶四年	（1799 年）
360	重修觀世音菩薩堂并金妝聖像碑記	清嘉慶二十二年	（1817 年）

473	重修關帝廟碑記	清咸豐九年	（1859 年）
552	南招民莊築嶺碑記	清光緒十七年	（1891 年）
569	邑賢侯錢嚴薛太老爺超免號草河夫雜差合都感德碑	清光緒二十四年	（1898 年）
579-1	宋公神道碑（碑陽）	清光緒二十八年	（1902 年）
579-2	宋公神道碑（碑陰）	清光緒二十八年	（1902 年）
588	水碑記	清光緒三十三年	（1907 年）

新鄉縣

119	新鄉縣合河店石橋記	明嘉靖年間	
126	新鄉縣重修合河店石橋記	明萬曆五年	（1577 年）

延津縣

64	胙城縣創建宣聖廟碑銘	元至正十三年	（1353 年）
115	重修廣唐寺塔記	明嘉靖四十二年	（1563 年）
133	滑縣永寧鄉留店里重修東嶽行祠記	明萬曆二十年	（1592 年）
204	任洵題登萬壽塔詩碑	清康熙五十六年	（1717 年）
330	神邱寺碑記	清嘉慶五年	（1800 年）
567	初挖文岩渠支碑記	清光緒二十四年	（1898 年）

原陽縣

128	陽武縣白廟村新建金龍大王聖母百子神殿碑記	明萬曆十四年	（1586 年）
230	大王老爺聖會演戲三年圓満勒石碑記	清乾隆四年	（1739 年）
251	重修河瀆廟大殿拜厦碑記	清乾隆十九年	（1754 年）
268	洪大老爺德政碑記	清乾隆二十八年	（1763 年）
269	重修東嶽廟碑記	清乾隆二十九年	（1764 年）
291	重修龍王廟碑記	清乾隆四十二年	（1777 年）
312	閻實口重修觀音堂碑記	清乾隆五十八年	（1793 年）
346	龍王廟祈雨碑記	清嘉慶十二年	（1807 年）
415	創建迎水大壩碑記	清道光十七年	（1837 年）
422	重修南關橋記	清道光十八年	（1838 年）
430	重修關聖帝君及長安橋碑文	清道光二十年	（1840 年）
465	重修玄帝廟碑記	清咸豐六年	（1856 年）
534	重修大王廟碑記	清光緒九年	（1883 年）
646	重修大王廟并金妝聖像碑記	民國十年	（1921 年）
663	馮玉祥誓詞碑	民國十六年	（1927 年）

許昌市

24	重修湫水廟記	北宋熙寧二年	（1069 年）
44	湫水廟祈雨感應記	元至元二十四年	（1287 年）

鄭州市

登封市

2	開母石闕銘	東漢延光二年	（123 年）
3	堂溪典嵩高山請雨銘	東漢熹平四年	（175 年）

鄭州市市區

32	北宋汲縣古河堤埄堠碑	北宋	
264-1	敕建楊橋河神祠碑記（碑陽）	清乾隆二十六年	（1761 年）
264-2	敕建楊橋河神祠碑記（碑陰）	清乾隆二十六年	（1761 年）
547	鄭工合龍處碑	清光緒十四年	（1888 年）